活性毁伤科学与技术研究丛书

活性毁伤材料终点效应

Terminal Effects of Reactive Materials

王海福 郑元枫 余庆波 著

内 容 简 介

本书系统阐述活性毁伤材料终点效应研究最新进展及成果，共分5章内容。第1章主要阐述活性毁伤材料冲击引发非自持化学能释放测试表征方法、化学能释放规律及超压效应模型等内容；第2章主要阐述弹道侵彻基础理论、惰性弹丸侵彻行为、活性弹丸侵彻行为及理论模型等内容；第3章主要阐述活性弹丸作用结构靶毁伤增强效应数值模拟、实验及机理等内容；第4章主要阐述活性弹丸作用油箱引燃增强效应数值模拟、实验及机理等内容；第5章主要阐述活性弹丸作用带壳装药引爆增强效应数值模拟、实验及机理等内容。

本书可作为高等院校兵器科学与技术、航空宇航科学与技术、材料科学与工程等学科的研究生教材，也可供从事相关研究工作的技术人员自学参考使用。

版权专有　侵权必究

图书在版编目（CIP）数据

活性毁伤材料终点效应／王海福，郑元枫，余庆波著．—北京：北京理工大学出版社，2020.4（2024.7重印）

（活性毁伤科学与技术研究）

国家出版基金项目　"十三五"国家重点出版物出版规划项目　国之重器出版工程

ISBN 978－7－5682－8386－1

Ⅰ.①活… Ⅱ.①王… ②郑… ③余… Ⅲ.①弹药材料－武器效应 Ⅳ.①TJ410.4

中国版本图书馆 CIP 数据核字（2020）第 062536 号

责任编辑：陈莉华	文案编辑：陈莉华
责任校对：周瑞红	责任印制：王美丽

出版发行	/ 北京理工大学出版社有限责任公司
社　　址	/ 北京市丰台区四合庄路6号
邮　　编	/ 100070
电　　话	/（010）68944439（学术售后服务热线）
网　　址	/ http：//www.bitpress.com.cn

版 印 次	/ 2024 年 7 月第 1 版第 2 次印刷
印　　刷	/ 北京虎彩文化传播有限公司
开　　本	/ 710 mm × 1000 mm　1/16
印　　张	/ 17
字　　数	/ 292 千字
定　　价	/ 76.00 元

图书出现印装质量问题，请拨打售后服务热线，负责调换

《国之重器出版工程》
编辑委员会

编辑委员会主任：苗　圩

编辑委员会副主任：刘利华　辛国斌

编辑委员会委员：

冯长辉	梁志峰	高东升	姜子琨	许科敏
陈　因	郑立新	马向晖	高云虎	金　鑫
李　巍	高延敏	何　琼	刁石京	谢少锋
闻　库	韩　夏	赵志国	谢远生	赵永红
韩占武	刘　多	尹丽波	赵　波	卢　山
徐惠彬	赵长禄	周　玉	姚　郁	张　炜
聂　宏	付梦印	季仲华		

专家委员会委员（按姓氏笔画排列）：

于　全	中国工程院院士
王　越	中国科学院院士、中国工程院院士
王小谟	中国工程院院士
王少萍	"长江学者奖励计划"特聘教授
王建民	清华大学软件学院院长
王哲荣	中国工程院院士
尤肖虎	"长江学者奖励计划"特聘教授
邓玉林	国际宇航科学院院士
邓宗全	中国工程院院士
甘晓华	中国工程院院士
叶培建	人民科学家、中国科学院院士
朱英富	中国工程院院士
朵英贤	中国工程院院士
邬贺铨	中国工程院院士
刘大响	中国工程院院士
刘辛军	"长江学者奖励计划"特聘教授
刘怡昕	中国工程院院士
刘韵洁	中国工程院院士
孙逢春	中国工程院院士
苏东林	中国工程院院士
苏彦庆	"长江学者奖励计划"特聘教授
苏哲子	中国工程院院士
李寿平	国际宇航科学院院士

李伯虎	中国工程院院士
李应红	中国科学院院士
李春明	中国兵器工业集团首席专家
李莹辉	国际宇航科学院院士
李得天	国际宇航科学院院士
李新亚	国家制造强国建设战略咨询委员会委员、中国机械工业联合会副会长
杨绍卿	中国工程院院士
杨德森	中国工程院院士
吴伟仁	中国工程院院士
宋爱国	国家杰出青年科学基金获得者
张　彦	电气电子工程师学会会士、英国工程技术学会会士
张宏科	北京交通大学下一代互联网互联设备国家工程实验室主任
陆　军	中国工程院院士
陆建勋	中国工程院院士
陆燕荪	国家制造强国建设战略咨询委员会委员、原机械工业部副部长
陈　谋	国家杰出青年科学基金获得者
陈一坚	中国工程院院士
陈懋章	中国工程院院士
金东寒	中国工程院院士
周立伟	中国工程院院士

郑纬民	中国工程院院士
郑建华	中国科学院院士
屈贤明	国家制造强国建设战略咨询委员会委员、工业和信息化部智能制造专家咨询委员会副主任
项昌乐	中国工程院院士
赵沁平	中国工程院院士
郝　跃	中国科学院院士
柳百成	中国工程院院士
段海滨	"长江学者奖励计划"特聘教授
侯增广	国家杰出青年科学基金获得者
闻雪友	中国工程院院士
姜会林	中国工程院院士
徐德民	中国工程院院士
唐长红	中国工程院院士
黄　维	中国科学院院士
黄卫东	"长江学者奖励计划"特聘教授
黄先祥	中国工程院院士
康　锐	"长江学者奖励计划"特聘教授
董景辰	工业和信息化部智能制造专家咨询委员会委员
焦宗夏	"长江学者奖励计划"特聘教授
谭春林	航天系统开发总师

序 一

　　弹药战斗部是武器完成毁伤使命的关键要素，是多学科、多专业科学技术高度融合的毁伤技术的载体。毁伤技术先进与否，决定武器威力的高低和毁伤目标能力的强弱。先进毁伤技术，是发展性能优良的现代武器的重大关键技术，引不进，买不来，必须自主创新。

　　活性毁伤元弹药战斗部技术，为大幅提升武器威力开辟了新途径。北京理工大学王海福教授研究团队是国内外最早致力于这项前沿技术研究的团队之一。从"十五"期间承担兵器预研基金、武器装备前沿探索和技术预研等课题研究开始，二十年来，在概念探索验证、关键技术突破、装备工程研制中，做出了开拓性、奠基性、具有里程碑意义的重要贡献。

　　《活性毁伤科学与技术研究丛书》是王海福教授团队从事该前沿技术方向二十年研究所取得学术成果的深度凝练，形成了《活性毁伤材料冲击响应》《活性毁伤材料终点效应》《活性毁伤增强聚能战斗部技术》《活性毁伤增强侵彻战斗部技术》和《活性毁伤增强破片战斗部技术》5部学术专著。前两部着重阐述活性毁伤元材料与终点效应研究方面取得的学术进展，后三部系统阐述活性材料毁伤元在聚能类、侵彻类和杀爆类弹药战斗部上的应用研究方面取得的学术进展。该丛书理论、技术和工程应用相得益彰，体系完整，学术原创性强，作为国内外首套系统阐述活性毁伤元弹药战斗部技术最新研究进展及成果的系列学术专著，既可用作高等院校兵器科学与技术、材料科学与工程等学科研究生的教学参考书，也可供从事兵器、航天、材料等领域研究工作的科研人员、工程技术人员自学参考使用。

很高兴应作者之邀为该丛书撰写序言，相信该系列学术专著的出版必将对活性毁伤元弹药战斗部技术的发展发挥重要作用。

中国工程院院士 杨绍卿

序 二

  大幅提升威力是陆海空天武器的共性重大需求，现役弹药战斗部的惰性金属毁伤元命中目标后，仅能造成动能侵彻和机械贯穿毁伤作用，从机理上制约了毁伤能力的显著增强，成为大幅提升武器威力的技术瓶颈。

  活性毁伤元弹药战斗部技术，是近二十年来发展起来的一项武器高效毁伤新技术，打破了惰性金属毁伤元弹药战斗部技术体制，通过毁伤元材料及武器化应用技术创新，实现威力的大幅提升。与惰性金属毁伤元相比，活性材料毁伤元的显著技术优势是，既有类似金属材料的力学强度，又有类似高能炸药的爆炸能量。也就是说，活性材料毁伤元高速命中目标时，不仅能发挥类似金属毁伤元的动能侵彻毁伤能力，在侵入或贯穿目标后，还能自行冲击激活引发爆炸，产生更高效的动能和爆炸能两种毁伤机理的联合作用，从而显著增强对目标的结构爆裂、引燃、引爆等毁伤能力，大幅提升弹药战斗部威力。

  从活性毁伤元弹药战斗部技术发展看，核心在于活性毁伤元材料技术、终点效应表征技术和武器化应用技术等的创新突破。北京理工大学王海福教授研究团队历经二十余年创新攻关，从概念探索验证、关键技术突破，到装备工程型号研制，取得了丰硕的研究成果，形成了《活性毁伤科学与技术研究丛书》系列学术专著，包括《活性毁伤材料冲击响应》《活性毁伤材料终点效应》《活性毁伤增强侵彻战斗部技术》《活性毁伤增强聚能战斗部技术》和《活性毁伤增强破片战斗部技术》5 部。作为国内外首套系统阐述相关研究最新进展及成果的系列专著，形成了较为完整的学术体系，既可用作高等院校相关学科的研究生教材，也可供从事相关研究工作的技术人员自学参考使用。

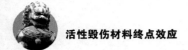

  我衷心祝贺作者所取得的学术成果，并热忱期待《活性毁伤科学与技术研究丛书》早日出版发行。应作者邀请为该丛书作序，相信该系列学术专著的出版发行，必将对活性毁伤元弹药战斗部技术发展产生有力的推动作用。

中国工程院院士

序 三

　　毁伤是武器打击链路的最终环节,弹药战斗部是毁伤技术的载体、武器的有效载荷。现役弹药战斗部的惰性金属毁伤元,通过动能侵彻机理和机械贯穿模式毁伤目标,成为了制约武器威力大幅提升的技术瓶颈之一。

　　活性毁伤元弹药战斗部技术,为大幅提升武器威力开辟了新途径。这项先进毁伤技术的核心创新,一是着眼毁伤元材料技术创新,突破现役惰性金属毁伤元动能侵彻毁伤机理和机械贯穿毁伤模式的局限,通过创造一种更高效的动能和爆炸能时序联合毁伤机理和模式,实现对目标毁伤能力的显著增强,包括结构毁伤增强、引燃毁伤增强、引爆毁伤增强等;二是通过活性毁伤元在不同弹药战斗部上应用技术的创新,实现毁伤威力的大幅提升。

　　《活性毁伤科学与技术研究丛书》是北京理工大学王海福教授团队长期从事该技术方向研究取得的创新成果的学术凝练,并获批了国家出版基金项目、"十三五"国家重点出版物规划项目和国之重器出版工程项目的资助出版,学术成果的原创性和前沿性得到了肯定。该系列学术专著分为《活性毁伤材料冲击响应》《活性毁伤材料终点效应》《活性毁伤增强侵彻战斗部技术》《活性毁伤增强聚能战斗部技术》和《活性毁伤增强破片战斗部技术》5部。从活性毁伤材料创制,到终点效应表征,再到不同弹药战斗部上应用,形成了以技术创新为牵引、学术创新为核心的较完整知识体系,既可用作高等院校相关学科的研究生教材,也可供从事相关研究工作的技术人员自学参考使用。

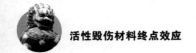

  我应作者邀请为《活性毁伤科学与技术研究丛书》作序，相信该丛书的出版发行将进一步有力推动活性毁伤元弹药战斗部技术的创新发展。

中国工程院院士

序 四

先进武器，一是要能精确命中目标，二是要能高效毁伤目标。先进武器只有配置高效毁伤弹药战斗部，才能发挥更有效的精确打击；否则，击而弱毁，事倍功半。换言之，毁伤技术的创新突破，是引领和推动弹药战斗部技术发展的核心源动力，是支撑先进武器研发的技术基石之一。

近二十年来，活性毁伤元弹药战斗部技术的创新与突破，为大幅提升武器威力开辟了新途径。这项具有重大颠覆性意义的武器终端毁伤技术核心创新内涵是，打破现役惰性金属毁伤元技术理念，创制新一代兼备类金属力学强度和类炸药爆炸能量双重属性的活性材料毁伤元，由此突破惰性金属毁伤元纯动能毁伤机理的局限，从而创造一种更高效的动能与爆炸能联合毁伤机理，显著增强毁伤目标能力，实现弹药战斗部威力的大幅提升。

《活性毁伤科学与技术研究丛书》是北京理工大学王海福教授团队历经二十年创新研究，取得的原创性学术成果的深度凝练。作为国内外首套系统阐述活性毁伤元弹药战斗部技术最近研究进展的系列学术专著，内容涵盖活性毁伤元材料创制、终点效应工程表征和武器化应用三个方面，互为支撑，衔接紧密，形成了《活性毁伤材料冲击响应》《活性毁伤材料终点效应》《活性毁伤增侵彻强战斗部技术》《活性毁伤增强聚能战斗部技术》和《活性毁伤增强破片战斗部技术》5部专著。专著着力工程应用为学术创新牵引，从理论分析、模型建立、数值模拟、机理讨论、实验验证等方面，阐述学术研究最新进展及成果，体现丛书内容的体系性和学术原创性。

应作者邀请为《活性毁伤科学与技术研究丛书》作序，我热忱祝贺作者

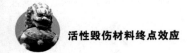

的同时，期待该系列学术专著早日出版发行。相信该丛书的出版发行，将对活性毁伤元弹药战斗部技术发展产生重要、深远的影响。

中国工程院院士

前 言

　　武器使用的根本使命是打击和摧毁目标，弹药战斗部是武器毁伤技术的载体和终端毁伤系统。毁伤技术先进与否，决定弹药战斗部威力的高低和武器摧毁目标能力的强弱，先进毁伤技术，是推动和支撑高新武器研发的重大核心技术。创新毁伤技术，大幅度提升弹药战斗部威力，是陆海空天武器的共性重大需求，同时也是世界各国先进武器研发共同面临的重大瓶颈性难题。

　　活性毁伤元弹药战斗部技术，是近二十年来发展起来的一项具有颠覆性意义的武器先进终端毁伤技术，开辟了大幅度提升武器威力新途径。这项先进毁伤技术的核心创新内涵和重大军事价值在于，打破了现役弹药战斗部主要基于钨、铜、钢等惰性金属材料毁伤元（破片、射流、杆条、弹丸等）打击和毁伤目标并形成威力的传统技术理念，着眼于毁伤材料、毁伤机理、毁伤模式及应用技术的创新突破，创制新一代既有类似惰性金属材料的力学强度，又有类似炸药、火药等传统含能材料的爆炸能量双重属性优势的活性毁伤材料。由这种活性毁伤材料制备而成的活性毁伤元高速命中目标时，不仅能产生类似惰性金属毁伤元的动能侵彻贯穿毁伤作用，更重要的是，侵入或贯穿目标后还能自行激活爆炸，发挥类似传统含能材料的爆炸毁伤优势，由此创造一种全新的动能与爆炸能双重时序联合毁伤机理和模式，显著增强毁伤目标能力，实现弹药战斗部威力的大幅提升。特别是，这项先进毁伤技术可以广泛推广应用于陆海空天武器平台的各类弹药战斗部，从防空反导反辐射、反舰反潜反装甲，到反硬目标攻坚等，已成为推动和支撑高新武器研发的重大核心技术。

　　《活性毁伤科学与技术研究丛书》是作者历经二十年创新研究，成功实现

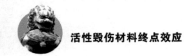

从概念探索验证,到关键技术突破,再到装备工程型号研制的里程碑式跨越,所取得的创新成果深度凝练而形成的系列学术专著。本丛书总体内容分为活性毁伤材料创制、毁伤效应表征和武器化应用三部分,形成《活性毁伤材料冲击响应》《活性毁伤材料终点效应》《活性毁伤增强破片战斗部技术》《活性毁伤增强聚能战斗部技术》和《活性毁伤增强侵彻战斗部技术》5部专著。

《活性毁伤材料终点效应》是本丛书的第二部,共分5章。第1章非自持化学能释放效应,主要阐述活性毁伤材料冲击引发非自持化学能释放测试表征方法、化学能释放规律及超压效应模型等内容;第2章弹道侵彻效应,主要阐述弹道侵彻基础理论、惰性弹丸侵彻行为、活性弹丸侵彻行为等内容;第3章结构毁伤增强效应,主要阐述活性弹丸碰撞结构靶毁伤增强效应数值模拟、实验及机理等内容;第4章引燃毁伤增强效应,主要阐述活性弹丸碰撞油箱引燃增强效应数值模拟、实验及机理等内容;第5章引爆毁伤增强效应,主要阐述活性弹丸碰撞带壳装药引爆增强效应数值模拟、实验及机理等内容。

本书由北京理工大学王海福教授、郑元枫副研究员、余庆波教授撰写。在本书撰写过程中,已毕业研究生刘宗伟博士、葛超博士、徐峰悦博士、耿宝群博士、杨华硕士、刘娟硕士等,在读博士生谢剑文、唐乐、卢冠成等,参与了部分书稿内容的讨论、绘图和校对等工作,付出了辛勤劳动。

海军研究院邱志明院士、火箭军研究院冯煜芳院士、中国兵器工业第二〇三研究所杨绍卿院士和杨树兴院士,对本丛书的初稿进行了审阅,提出了宝贵的修改意见。谨向各位院士致以诚挚的感谢!

感谢北京理工大学出版社和各位编辑为本丛书出版所付出的辛勤劳动!特别感谢国家出版基金、国防科技创新项目、国家自然科学基金等资助!

本书作为国内外首部系统阐述活性毁伤材料冲击响应问题研究进展的学术专著,由于作者水平有限,书中难免存在尚不成熟或值得商榷的内容,欢迎广大读者争鸣,存在不当甚至错误之处,恳请广大读者批评斧正。

王海福
2020年4月于北京

目 录

第 1 章 非自持化学能释放效应 ······ 001

  1.1 非自持化学能释放测试方法 ······ 002
    1.1.1 非自持化学能释放特性 ······ 002
    1.1.2 活性弹丸化学能释放测试方法 ······ 003
    1.1.3 活性药型罩化学能释放测试方法 ······ 006
  1.2 非自持化学能释放行为 ······ 007
    1.2.1 碰撞条件影响 ······ 007
    1.2.2 弹丸特性影响 ······ 018
    1.2.3 化学能释放模型 ······ 022
  1.3 碰撞激活模型 ······ 026
    1.3.1 冲击参数预估模型 ······ 027
    1.3.2 激活长度预估模型 ······ 028
    1.3.3 激活长度影响特性 ······ 034
  1.4 碰撞引发碎裂化学能释放准则 ······ 035
    1.4.1 碰撞引发碎裂模型 ······ 035
    1.4.2 碎裂尺寸分布特性 ······ 037
    1.4.3 能量释放碎裂尺寸表征 ······ 039

第 2 章　弹道侵彻效应 ……………………………………………… 041

2.1　弹道侵彻基础 ………………………………………………… 042
2.1.1　弹道侵彻模式 …………………………………………… 042
2.1.2　弹道极限速度 …………………………………………… 045
2.1.3　空穴膨胀理论 …………………………………………… 052

2.2　惰性弹丸侵彻行为 …………………………………………… 057
2.2.1　数值模拟方法 …………………………………………… 057
2.2.2　弹靶特性影响 …………………………………………… 061
2.2.3　弹靶作用条件影响 ……………………………………… 068

2.3　活性弹丸侵彻行为 …………………………………………… 074
2.3.1　靶板穿孔行为 …………………………………………… 074
2.3.2　材料爆燃行为 …………………………………………… 077
2.3.3　临界贯穿特性 …………………………………………… 079

2.4　弹道侵彻增强行为 …………………………………………… 084
2.4.1　弹道侵彻增强机理 ……………………………………… 084
2.4.2　薄靶爆裂增强模型 ……………………………………… 087
2.4.3　厚靶冲塞增强模型 ……………………………………… 091

第 3 章　结构毁伤增强效应 ………………………………………… 099

3.1　惰性弹丸碰撞引发结构毁伤数值模拟 ……………………… 100
3.1.1　典型侵彻行为 …………………………………………… 100
3.1.2　碰撞速度影响特性 ……………………………………… 102
3.1.3　靶板厚度影响特性 ……………………………………… 105
3.1.4　靶板间距影响特性 ……………………………………… 109

3.2　活性弹丸碰撞引发结构毁伤增强数值模拟 ………………… 112
3.2.1　典型侵彻行为 …………………………………………… 112
3.2.2　碰撞速度影响特性 ……………………………………… 116
3.2.3　靶板厚度影响特性 ……………………………………… 118
3.2.4　靶板间距影响特性 ……………………………………… 120

3.3　活性弹丸碰撞引发结构毁伤增强实验 ……………………… 122
3.3.1　实验方法 ………………………………………………… 122

3.3.2　毁伤模式 …………………………………………………… 123
　　3.3.3　毁伤增强效应 ……………………………………………… 126
3.4　活性弹丸碰撞引发结构毁伤增强模型 ………………………………… 133
　　3.4.1　侵爆联合毁伤机理 ………………………………………… 133
　　3.4.2　碎片云膨胀模型 …………………………………………… 134
　　3.4.3　爆裂毁伤模型 ……………………………………………… 137

第4章　引燃毁伤增强效应 …………………………………………………… 141

4.1　高速碰撞水锤效应 ……………………………………………………… 142
　　4.1.1　液体中压力波 ……………………………………………… 142
　　4.1.2　液体中侵彻效应 …………………………………………… 144
　　4.1.3　瞬时空腔效应 ……………………………………………… 145
4.2　油箱结构毁伤数值模拟 ………………………………………………… 149
　　4.2.1　碰撞速度影响特性 ………………………………………… 149
　　4.2.2　油箱结构影响特性 ………………………………………… 156
　　4.2.3　着靶位置影响特性 ………………………………………… 158
4.3　引燃毁伤增强实验 ……………………………………………………… 163
　　4.3.1　实验方法 …………………………………………………… 164
　　4.3.2　引燃毁伤增强效应 ………………………………………… 165
　　4.3.3　引燃增强影响特性 ………………………………………… 173
4.4　引燃毁伤增强机理 ……………………………………………………… 184
　　4.4.1　油箱爆裂增强机理 ………………………………………… 184
　　4.4.2　燃油点火增强机理 ………………………………………… 189

第5章　引爆毁伤增强效应 …………………………………………………… 197

5.1　炸药冲击起爆理论 ……………………………………………………… 198
　　5.1.1　均质炸药冲击起爆理论 …………………………………… 198
　　5.1.2　非均质炸药冲击起爆理论 ………………………………… 201
　　5.1.3　炸药冲击起爆判据 ………………………………………… 208
5.2　带壳装药冲击引爆数值模拟 …………………………………………… 209
　　5.2.1　数值模拟方法 ……………………………………………… 210
　　5.2.2　弹丸形状影响特性 ………………………………………… 211

5.2.3 弹丸质量影响特性 ………………………………………… 215
5.2.4 壳体影响特性 ……………………………………………… 219
5.3 带壳装药引爆毁伤增强实验 …………………………………… 224
5.3.1 实验方法 …………………………………………………… 224
5.3.2 实验结果 …………………………………………………… 225
5.3.3 实验分析 …………………………………………………… 228
5.4 带壳装药引爆毁伤增强机理 …………………………………… 230
5.4.1 引爆增强行为 ……………………………………………… 230
5.4.2 引爆增强模型 ……………………………………………… 232

参考文献 ……………………………………………………………… 235

索引 …………………………………………………………………… 240

第1章
非自持化学能释放效应

1.1 非自持化学能释放测试方法

显著不同于炸药、火药、推进剂等传统含能材料，活性毁伤材料受力学强度的制约，冲击引发化学能释放呈现独特的非自持性，采用传统含能材料化学能释放静态量热法无法满足活性毁伤材料测试需求。本节主要介绍活性弹丸和活性药型罩在强冲击加载下化学能释放效应测试方法。

1.1.1 非自持化学能释放特性

活性毁伤材料冲击引发非自持化学能释放过程如图 1.1 所示，主要分为碰撞激活、碎裂点火、爆燃和准静态超压四个典型阶段。

（1）碰撞激活阶段。活性弹丸以一定速度碰撞迎弹靶板，在弹丸和靶板中形成冲击波，弹丸材料发生高应变率塑性变形和碎裂，导致内部温度升高，氟聚物基体被激活发生分解反应，如图 1.1（a）所示。

（2）碎裂点火阶段。活性弹丸贯穿迎弹靶板后，因应力卸载，进入测试罐内部分碎裂形成类椭球状碎片云，且碎片云特性显著受弹靶碰撞条件影响。一般而言，由于受冲击波轴向衰减影响，弹丸头部碎裂程度往往高于尾部，小尺寸活性碎片首先发生反应，形成局部点火源，如图 1.1（b）所示。

（3）爆燃阶段。在局部点火源作用下，爆燃反应在碎片云中传播，形成类球形爆燃波并在测试罐内发展为全域爆燃反应。一般来说，碎片云尺寸分布对罐内爆燃波传播和反射有显著影响,小尺寸碎片越多,爆燃反应越剧烈,超压效应越显著,大尺寸碎片则主要发生燃烧反应,如图 1.1(c)所示。

(4)准静态超压阶段。在该阶段,罐内热力学参数(如压力 p、温度 T、内能 e 等)基本保持平衡。与炸药爆轰、火药爆燃压力相比,活性毁伤材料准静态超压相对较低,但作用时间长、冲量大,如图 1.1(d)所示。

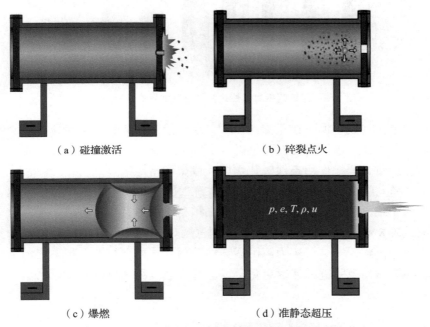

(a)碰撞激活　　　　　　　　(b)碎裂点火

(c)爆燃　　　　　　　　　　(d)准静态超压

图 1.1　活性毁伤材料冲击引发非自持化学能释放现象

图 1.2 所示为密度约 2.6 g/cm³ 活性弹丸在不同弹靶碰撞条件下的典型准静态超压效应和化学能释放特性。从图中可以看出,准静态超压和化学能释放显著受碰撞速度的影响,随碰撞速度提高,准静态超压和化学能释放增大,当碰撞速度超过 1 200 m/s(临界值)后,准静态超压和化学能释放基本保持不变。从碰撞碎裂引发爆燃反应角度看,这主要是因为,随碰撞速度增大,弹丸碎裂程度提高,当碰撞速度超过 1 200 m/s 后,活性弹丸已基本完全碎裂并发生爆燃反应,导致准静态超压和化学能释放效应基本不受碰撞速度影响。

1.1.2　活性弹丸化学能释放测试方法

活性弹丸碰撞引发化学能释放的显著特点,一是依靠动能碰撞形成的冲击波引发材料碎裂和温升,从而激活活性毁伤材料。二是活性弹丸具有一定长径比,冲击波在内部传播时会发生衰减,造成活性弹丸碎裂程度不均,化学反应

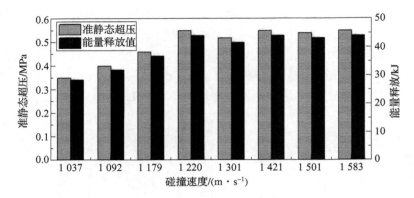

图1.2 碰撞速度对活性毁伤材料爆燃与能量释放影响

特性存在差异;或者说,在碰撞条件下,活性毁伤材料爆燃率显著依赖于弹靶作用条件。为此,需针对活性弹丸碰撞引发化学能释放行为,建立相应的测试系统,重点研究弹靶作用条件对化学能释放影响特性。

活性弹丸碰撞引发化学能释放测试系统如图1.3所示,主要由弹道枪、内爆超压测试罐、压力测试系统、测速系统和高速摄影系统等组成。弹道枪口距压力测试罐8~10 m。测速网靶距压力测试罐0.5~1 m,以测量活性弹丸着靶速度。压力传感器安装于压力测试罐圆柱壁面,并通过数据采集系统记录压力信号。弹靶作用及弹丸激活发生化学反应过程通过高速摄影系统记录。

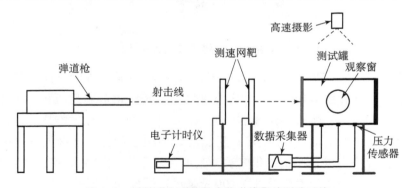

图1.3 活性弹丸碰撞引发化学能释放测试系统

压力测试系统主要由压力传感器、测试电路、电压放大器、滤波器、数据采集器、计算机和电源七部分组成。一般选用应变式压力传感器,测试电线采用4芯屏蔽线缆,双通道电压放大器可自动调节零点。实验前,根据实验条件合理设置测试参数,并对压力传感器进行标定,以确定传感器工作方程系数。一般情况下,压力传感器工作线性方程可表述为

$$X = a \cdot p + b \tag{1.1}$$

式中，X 为测试电压值；p 为超压信号值；a、b 为传感器标定系数。

线路连接后，合理设置放大器测量挡位和采集系统测试参数，在实验过程中也可根据实验结果对测试参数进行修正调整。需要注意的是，在测量过程中，若出现传感器损坏或线路断裂等问题，应及时关闭电压放大器电源，再检查测试线路或进行压力传感器更换。图 1.4 所示为典型的压力测试系统。

（a）应变仪桥盒

（b）数据采集装置

（c）操作界面

图 1.4　压力测试系统

典型内爆超压测试罐系统如图 1.5 所示，主要由罐体、压力传感器、迎弹面靶、二次碰撞靶组成。罐体为圆柱形，容积根据活性弹丸质量及具体测试需要设计。实验中，活性弹丸首先利用自身动能穿透迎弹面靶，进入罐体后与二次碰撞靶作用，进一步碎裂，从而充分激活并发生爆燃反应。爆燃反应压力由安装于罐体孔位的压力传感器测量，并通过压力测试系统记录分析。

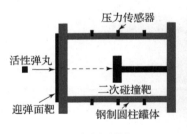
（a）原理结构

（b）实物图片

图 1.5　内爆超压测试罐系统

需要特别说明的是，图 1.5 所示超压测试罐主要模拟导弹、固定翼飞机等无防护或轻型防护目标，研究活性毁伤元在穿透典型目标蒙皮/防护层后，与目标内部结构二次碰撞所产生的终点毁伤效应。事实上，活性毁伤元化学能释放效应除了与材料特性相关外，还显著受迎弹面靶厚度、碰撞速度和角度，尤其是穿靶后活性毁伤材料碎化特征影响。因此，着眼于活性毁伤材料释能效应研究，超压测试罐内可以不用设置二次碰撞靶。

1.1.3 活性药型罩化学能释放测试方法

活性药型罩在聚能装药作用下形成侵彻体的过程,是复杂的力、热、化耦合作用过程。具体来说,分为三个阶段,第一阶段为活性药型罩爆炸加载及冲击激活过程,如图1.6(a)所示,冲击波首先作用于药型罩顶部,后传播到药型罩底部,冲击波不仅会压垮活性药型罩,还会导致药型罩内部温度升高,活性材料被激活;第二阶段是活性侵彻体成型及爆燃响应弛豫过程,如图1.6(b)所示,药型罩各微元速度梯度造成活性聚能侵彻体不断拉伸;第三阶段是活性侵彻体分布爆燃及化学能释放过程,如图1.6(c)所示,活性侵彻体不同部位在不同时刻、以不同的爆燃速率实现化学能释放。

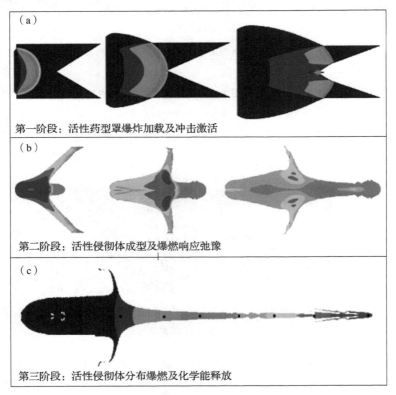

图1.6 典型活性侵彻体成型与弛豫反应行为

爆炸引发活性药型罩化学能释放行为的主要特点在于,冲击波压力峰值高、沿药型罩母线连续扫掠,造成药型罩在成型过程中被完全激活。需要说明的是，大口径活性药型罩轴向和径向尺寸均较大，使材料各处受到的激活压力和载荷环境有所不同，导致形成的活性射流、EFP 等侵彻体各处化学能释放行为有所差异，且与活性药型罩结构和炸药类型等密切相关。为此，需针对爆炸引发活性药型罩化学能释放行为，建立相应的测试系统。

爆炸引发活性药型罩化学能释放测试系统如图 1.7 所示，内爆超压测试罐内部被 6 块厚钢靶分为 7 个隔舱，钢靶间距可根据活性侵彻体形貌调整，每块钢靶中心预开孔并预留活性侵彻体通道，每个隔舱内布置一个压力传感器，可对活性侵彻体不同位置化学能释放压力效应进行测试。

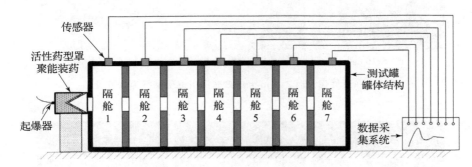

图 1.7 活性药型罩爆炸引发化学能释放测试系统

1.2 非自持化学能释放行为

活性毁伤材料非自持化学能释放是相当复杂的力、热、化耦合响应过程，除与材料体系相关外，还显著受弹靶作用条件影响。本节介绍不同弹靶作用条件下活性毁伤材料化学能释放行为，建立非自持化学能释放模型。

1.2.1 碰撞条件影响

1. 碰撞速度影响

碰撞速度直接影响弹丸内冲击压力和温升，并由此影响活性毁伤材料碎裂与激活行为。密度为 7.7 g/cm³ 的活性弹丸碰撞 3 mm 厚迎弹面靶压力测试罐实验高速摄影如图 1.8 和图 1.9 所示。可以看出，弹丸贯穿迎弹铝靶后，在罐体内发生了剧烈爆燃反应,发出耀眼强光,释放大量化学能,造成罐内压力、温度急剧上升。对比图1.8和图1.9中高速摄影照片,可以发现,碰撞速度对活性弹丸冲击引发爆燃行为影响显著。从靶前火焰特征看,随碰撞速度提高,碰撞过程火光强度逐渐增强。从测试罐内活性毁伤材料反应程度看,碰撞速度提高,火焰持续时间增加,参与反应的活性材料质量增加。

(a) $t=10\ \mu s$ (b) $t=30\ \mu s$ (c) $t=200\ \mu s$

图1.8 活性弹丸以712 m/s速度碰撞引发爆燃行为高速摄影

(a) $t=10\ \mu s$ (b) $t=30\ \mu s$ (c) $t=200\ \mu s$

图1.9 活性弹丸以1 309 m/s速度碰撞引发爆燃行为高速摄影

典型准静态爆燃压力曲线主要由上升段和下降段组成。上升阶段,活性毁伤材料在罐内发生剧烈爆燃反应,时间尺度一般在数十毫秒内。在爆燃反应产生压力与泄压效应达到平衡状态后,测试罐内准静态超压达到峰值。随后,活性毁伤材料反应释能减少,压力开始下降,时间尺度可达数百毫秒。

实验获得的不同碰撞速度下活性毁伤材料爆燃压力时程曲线如图1.10所示,图中从(a)到(e)碰撞速度逐步提高,具体影响特性如图1.11和图1.12所示。迎弹面靶厚度为3 mm时,随碰撞速度提高,超压峰值逐渐增大,速度为1 608 m/s时,罐内超压峰值约为0.28 MPa。与此同时,随碰撞速度提高,正压上升时间和正压持续时间整体呈增加趋势。从机理上分析,随碰撞速度增大,活性弹丸在碰撞和侵彻过程中碎裂和激活长度增加,靶后发生爆燃反应的活性毁伤材料质量增多,导致测试罐内压力升高及正压持续时间延长。

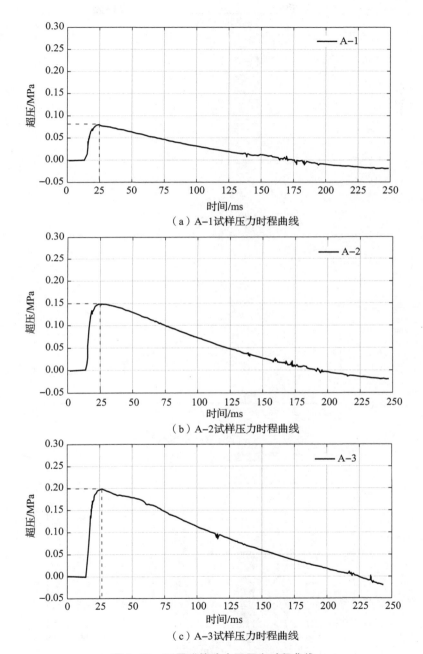

（a）A-1试样压力时程曲线

（b）A-2试样压力时程曲线

（c）A-3试样压力时程曲线

图1.10　不同碰撞速度下压力时程曲线

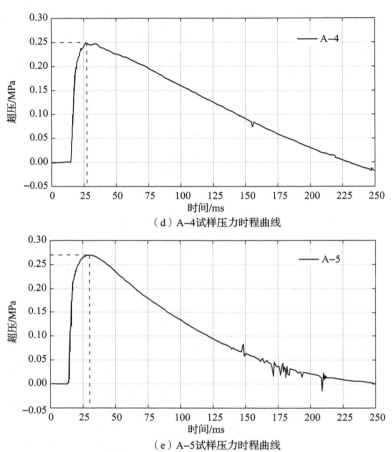

（d）A-4试样压力时程曲线

（e）A-5试样压力时程曲线

图1.10 不同碰撞速度下压力时程曲线（续）

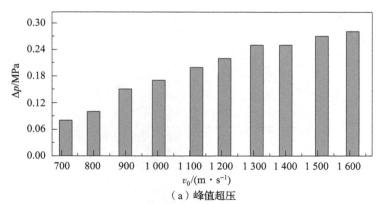

（a）峰值超压

图1.11 不同碰撞速度下峰值超压和正压上升时间

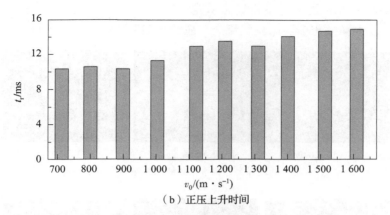

(b) 正压上升时间

图 1.11　不同碰撞速度下峰值超压和正压上升时间（续）

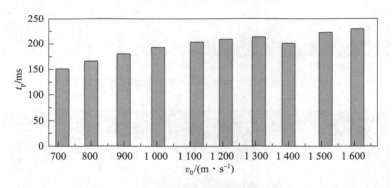

图 1.12　不同碰撞速度下正压持续时间

2. 靶板厚度影响

靶板厚度对弹靶作用过程中波的相互作用有显著影响，从而影响活性毁伤材料碰撞引发化学能释放行为。密度为 7.7 g/cm^3 的活性弹丸碰撞不同厚度铝靶引发化学能释放行为高速摄影如图 1.13～图 1.15 所示。可以看出，碰撞速度基本相同，活性弹丸碰撞 3 种厚度铝板时碰撞起爆反应行为存在不同。从碰撞和侵彻过程靶前火焰特征看，当靶板厚度为 3 mm 时，靶前火焰亮度小，说明在碰撞和侵彻过程中靶前发生爆燃化学反应的活性材料少；当靶板厚度为 6 mm 时，火焰亮度增强；当靶板厚度为 10 mm 时，靶前火焰亮度最高，说明靶前发生爆燃反应活性材料最多。从密闭测试罐内活性毁伤材料爆燃反应看，活性弹丸贯穿铝板后在测试罐内发生剧烈爆燃反应，产生耀眼白光并释放大量化学能，造成罐体内压力上升。当弹丸碰撞 6 mm 和 10 mm 厚铝板时，在

$t=150~\mu s$时仍可观测到明显的火焰从穿孔喷出。由此可见,在碰撞速度相同条件下,活性弹丸靶前反应量和罐内反应程度显著受铝板厚度影响。

（a）$t=20~\mu s$　　　　（b）$t=40~\mu s$　　　　（c）$t=150~\mu s$

图1.13　活性弹丸碰撞3 mm迎弹面靶冲击引发行为

（a）$t=20~\mu s$　　　　（b）$t=40~\mu s$　　　　（c）$t=150~\mu s$

图1.14　活性弹丸碰撞6 mm迎弹面靶冲击引发行为

（a）$t=20~\mu s$　　　　（b）$t=40~\mu s$　　　　（c）$t=150~\mu s$

图1.15　活性弹丸碰撞10 mm迎弹面靶冲击引发行为

活性弹丸穿透6 mm和10 mm厚铝靶后爆燃压力曲线如图1.16和图1.17所示,靶板厚度对活性毁伤材料爆燃压力影响特性如图1.18~图1.20所示。在碰撞速度基本相同的情况下,比较贯穿6 mm和10 mm厚铝板,活性弹丸贯穿6 mm厚铝板产生的压力峰值更高。特别地,当活性弹丸以1 508 m/s速度贯穿6 mm厚铝板时,在测试罐内的超压峰值可达0.35 MPa。

本质上讲,靶后爆燃压力主要取决于碰撞引发的活性弹丸激活率和贯穿铝板前活性弹丸反应量。在碰撞速度相同条件下,铝板太薄会造成靶板背面稀疏波效应明显,导致活性弹丸激活率低;铝板太厚会导致活性弹丸贯穿铝板前反应量增加,二者都会影响活性弹丸靶后爆燃压力。也就是说,在给定碰撞速度条件下,存在某一合适的铝板厚度,使得活性弹丸靶后爆燃压力效应

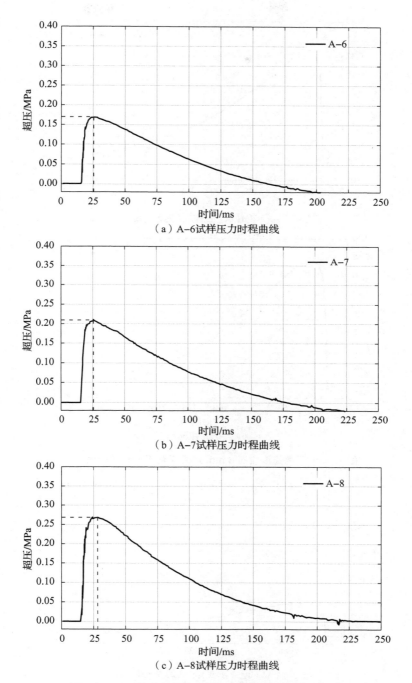

(a) A-6试样压力时程曲线

(b) A-7试样压力时程曲线

(c) A-8试样压力时程曲线

图 1.16　不同速度碰撞 6 mm 迎弹面靶压力时程曲线

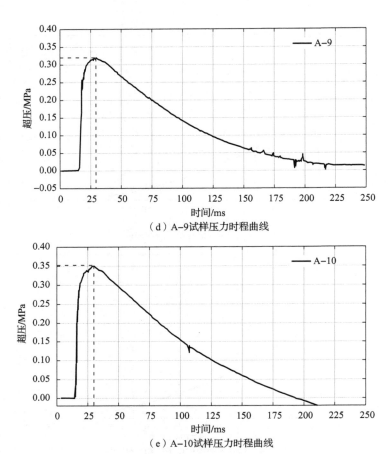

（d）A-9试样压力时程曲线

（e）A-10试样压力时程曲线

图1.16　不同速度碰撞6 mm迎弹面靶压力时程曲线（续）

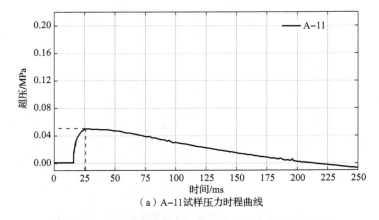

（a）A-11试样压力时程曲线

图1.17　不同速度碰撞10 mm迎弹面靶压力时程曲线

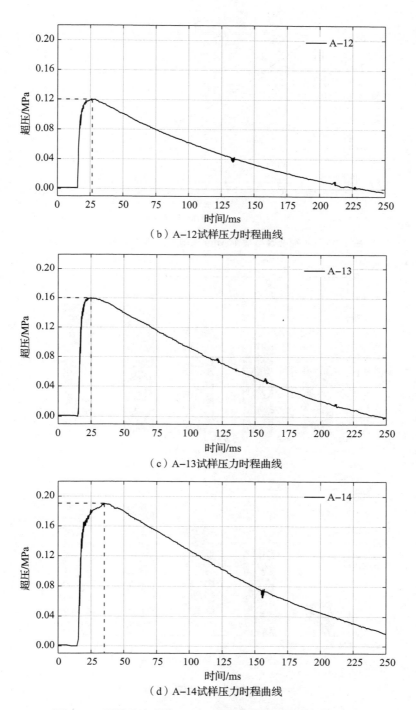

图 1.17　不同速度碰撞 10 mm 迎弹面靶压力时程曲线（续）

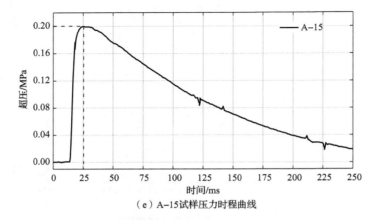

（e）A-15试样压力时程曲线

图1.17　不同速度碰撞10 mm迎弹面靶压力时程曲线（续）

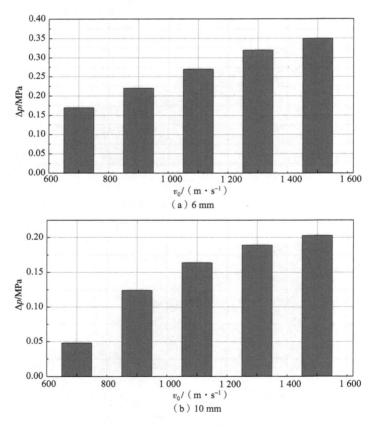

（a）6 mm

（b）10 mm

图1.18　靶板厚度对压力峰值影响

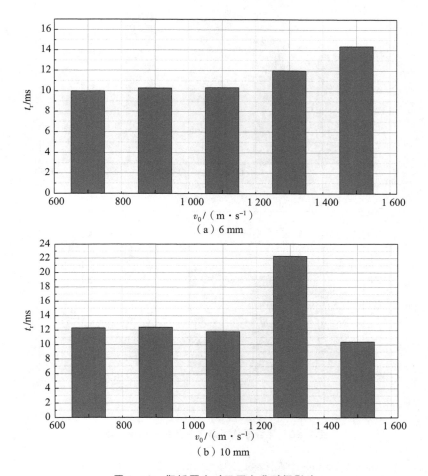

图 1.19 靶板厚度对正压上升时间影响

最为显著。这就可以解释实验中超压峰值随靶板厚度变化的规律,即活性弹丸以相同速度碰撞 6 mm 厚铝板在测试罐内产生的爆燃压力峰值较碰撞 3 mm 和 10 mm 厚铝板要大得多。从爆燃压力来看,当活性弹丸碰撞铝板时,一方面,活性弹丸激活率随碰撞速度增加而逐渐增大;另一方面,贯穿靶板前活性毁伤材料反应量随碰撞速度增加而逐渐减少,从而导致测试罐内发生爆燃反应活性毁伤材料质量增加,表现为测试罐内超压增大。

从压力作用时间来看,活性弹丸碰撞 6 mm 厚靶板时,碰撞速度从 709 m/s 增加至 1 508 m/s,压力上升时间从 10.1 ms 提高至 14.6 ms,这与碰撞 3 mm 厚靶板类似,碰撞速度的提高导致活性弹丸激活质量增加,随之反应所需时间增

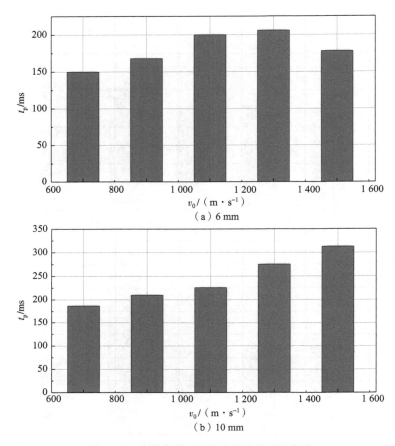

图 1.20 靶板厚度对爆燃正压持续时间影响

长。然而,在碰撞 10 mm 厚靶板时,除碰撞速度为 1 302 m/s 时压力上升时间偏高外,压力上升时间随碰撞速度增加呈逐渐降低趋势。从机理上分析,靶板厚度足够时,靶板背面的反射稀疏波无法"追赶上"活性弹丸内的冲击波,且当碰撞速度足够时,初始冲击波足以激活整个活性弹丸。这种情况下,随着碰撞速度增大,活性弹丸激活质量不再增加,但碎裂程度提高、反应速率加快,反应完全所需时间减少,最终导致压力上升时间有所降低。

1.2.2 弹丸特性影响

1. 弹丸密度影响

通过调整组分配比,获得密度分别为 7.7 g/cm³、6.7 g/cm³ 和 5.8 g/cm³ 的活性弹丸。采用弹道枪加载,三种活性弹丸以相近速度碰撞 3 mm 厚铝靶,在测试罐内产生的爆燃超压曲线如图 1.21 所示，相关数据列于表 1.1。

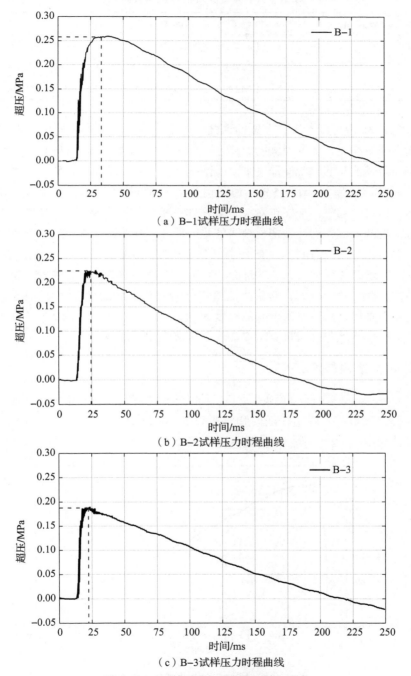

（a）B-1 试样压力时程曲线

（b）B-2 试样压力时程曲线

（c）B-3 试样压力时程曲线

图 1.21 密度对活性弹丸爆燃压力影响

表 1.1　不同密度活性弹丸压力特性

编号	$\rho_{p0}/(\text{g}\cdot\text{cm}^{-3})$	$v_0/(\text{m}\cdot\text{s}^{-1})$	$\Delta p/\text{MPa}$	t_r/ms	t_p/ms
B-1	7.7	1 335	0.26	14.4	222.7
B-2	6.7	1 317	0.23	10.5	164.8
B-3	5.8	1 343	0.19	7.5	195.6

从图 1.21 中可以看出,在碰撞速度近似相等条件下,随活性弹丸密度降低,爆燃压力峰值和压力上升时间随之减小。特别地,密度为 5.8 g/cm³ 的活性弹丸以 1 343 m/s 速度碰撞 3 mm 厚靶板,靶后超压上升时间仅为 7.5 ms,比密度为 7.7 g/cm³ 的活性弹丸以 1 335 m/s 速度碰撞相同厚度靶板时降低了 48%。随着密度提高,材料内部惰性金属钨颗粒含量增加,相应的活性材料(PTFE 和 Al)含量降低,也就是说,活性毁伤材料含能量降低了,但实验中爆燃压力却呈增长趋势。这主要因为:一方面,只有尺寸小于某一临界值的活性碎片才能在靶后发生爆燃反应,若碎片尺寸过大,这部分碎片将不会发生爆燃,难以在测试罐内引起瞬时压力上升;另一方面,随着活性毁伤材料内钨含量的增加,材料脆性增加,在高应变率碰撞作用下发生碎裂的程度愈加剧烈,活性碎片平均尺寸变小,也就是说,小尺寸活性碎片质量有所增加,导致爆燃压力增高。

2. 弹丸结构影响

对 4 种不同长径比活性弹丸进行了弹道碰撞实验,在碰撞速度基本相同条件下,得到了 4 种不同结构活性弹丸贯穿 3 mm 厚铝板后在测试罐内的爆燃压力曲线,如图 1.22 所示,相关数据列于表 1.2。

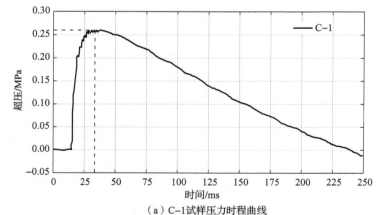

(a) C-1 试样压力时程曲线

图 1.22　结构对活性弹丸爆燃压力影响

第 1 章　非自持化学能释放效应

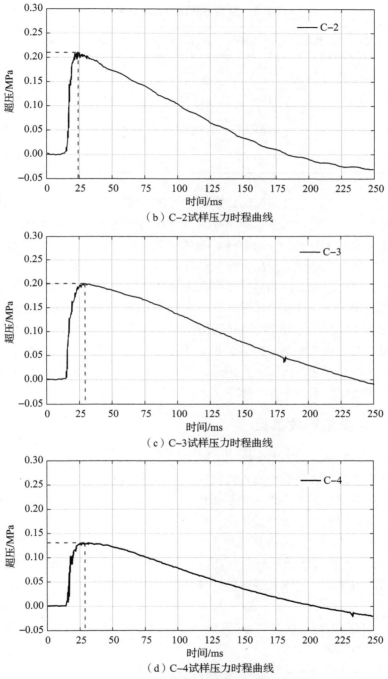

（b）C-2 试样压力时程曲线

（c）C-3 试样压力时程曲线

（d）C-4 试样压力时程曲线

图 1.22　结构对活性弹丸爆燃压力影响（续）

表1.2 结构对活性弹丸压力影响

类型	质量/g	尺寸/mm	v_0/(m·s^{-1})	Δp/MPa	t_r/ms	t_p/ms
裸弹丸	8.0	$\phi 11 \times 11$	1 335	0.26	14.4	222.7
裸弹丸	8.0	$\phi 10 \times 13$	1 326	0.21	10.6	167.2
裸弹丸	6.1	$\phi 10 \times 10$	1 350	0.20	15.1	219.5
带壳弹丸	6.1	$\phi 10 \times 10$	1 333	0.13	12.6	188.0

可以看出，活性弹丸结构对爆燃压力影响显著。质量相同时，长径比为1的活性弹丸较长径比为1.3的弹丸靶后爆燃压力峰值更大。本质上，碰撞过程中活性弹丸激活长度与长径比有关，在质量相同条件下，弹丸长径比越小，受到侧向稀疏波和靶板背面反射稀疏波的作用就越弱，这样就有更多的活性毁伤材料被激活发生反应，从而导致更高的爆燃压力峰值。但长径比不宜过小，否则活性弹丸弹道极限速度会显著增大。带壳弹丸靶后超压效应明显弱于无壳弹丸，带壳弹丸爆燃压力峰值仅为无壳弹丸压力峰值的65%。从机理上分析，一是带壳弹丸中活性毁伤材料质量相对无壳弹丸显著降低，二是带壳弹丸中活性毁伤材料碎裂程度有所降低。但是，弹丸外部壳体可增强活性弹丸强度，有利于提高武器化应用中弹丸的完整率。

1.2.3 化学能释放模型

基于实验所得爆燃压力曲线，可建立活性弹丸化学能释放模型。考虑到活性弹丸贯穿靶板后化学能释放行为复杂，作如下假设：

(1) 所有活性弹丸均进入测试罐内；
(2) 忽略爆燃压力上升段的泄压效应；
(3) 假设罐内气体为理想气体。

实验前，测试罐内自然气体为初始态，终态对应罐内爆燃压力达到峰值瞬间，根据热力学第一定律，罐内能量变化可表述为

$$\Delta E = E_2 - E_1 = Q - W \tag{1.2}$$

式中，E 为气体内能；Q 为气体得到的热量；W 为气体做功；下标1和2分别代表初始态和终态。

依据假设(2)，$W = 0$，有

$$Q = \Delta E = E_2 - E_1 \tag{1.3}$$

且

$$\Delta E = MC_V \Delta T = MC_V(T_2 - T_1) \tag{1.4}$$

式中，M、T 和 C_V 分别为罐内气体质量、温度和定容比热。对理想气体，比热 $C_V = R/(\gamma - 1)$，其中 R 为普适气体常数，γ 为气体绝热指数。

理想气体状态方程表述为

$$\Delta T = \Delta p v / R \tag{1.5}$$

式中，v 为比容；Δp 为测试罐内准静态超压峰值。

将式（1.5）代入式（1.4），并与式（1.3）联立可得

$$Q = \Delta E = \frac{V}{\gamma - 1}(p_2 - p_1) = \frac{V}{\gamma - 1}\Delta p \tag{1.6}$$

式中，V 为测试罐容积；p_1、p_2 分别为测试罐内初态和终态压力。

活性弹丸以不同速度碰撞 6 mm 厚铝靶时，超压和释放能量列于表 1.3。可以看出，碰撞速度提高，化学能释放量增加。碰撞速度高于 1 300 m/s 后，化学能释放量随速度提高不再发生显著变化，表明活性弹丸已完全反应。

表 1.3　活性弹丸碰撞 6 mm 厚铝靶时化学能释放量

碰撞速度 /(m·s^{-1})	Δp/MPa	ΔE/kJ	碰撞速度 /(m·s^{-1})	Δp/MPa	ΔE/kJ
709	0.17	11.48	1 220	0.29	19.58
808	0.18	12.16	1 300	0.32	21.60
905	0.21	14.18	1 399	0.32	21.60
1 009	0.25	16.88	1 508	0.35	23.63
1 102	0.27	18.23	1 626	0.34	22.96

测试罐内准静态超压达到峰值后，泄压效应增强，罐内气体温度、压力、质量、内能快速下降。依据能量守恒定律，活性弹丸向罐体净供热速率与罐内气体做功率之差等于罐体内能量变化率，可表述为

$$\frac{dQ}{dt} - \frac{dw}{dt} = \frac{d\varepsilon_t}{dt} \tag{1.7}$$

式中，ε_t 为广延量。ξ 为其内涵量，包含比内能和比动能两个部分，表述为

$$\xi = e + \frac{u_i^2}{2} \tag{1.8}$$

式中，e 为气体比内能；u_i 为气体流速。

将式（1.8）代入式（1.7），有

$$\frac{dQ}{dt} - \frac{dw}{dt} = \frac{\partial}{\partial t}\iiint_V \left(e_g + \frac{u_g^2}{2}\right)\rho_g dv + \iint_A \left(e_f + \frac{u_f^2}{2}\right)(\rho_f u_f) d\sigma \quad (1.9)$$

式中，A 为侵孔面积；e_g、u_g、ρ_g、e_f、u_f、ρ_f 均为与气体状态有关的参量。等号左边第二项包括体积力（W）和表面力（p_f）两项功率，可表述为

$$\frac{dw}{dt} = \iint_A \frac{p_f}{\rho_f}(\rho_f u_f) d\sigma + \frac{dW}{dt} \quad (1.10)$$

忽略罐体变形，有 $dW/dt = 0$，则

$$\frac{dQ}{dt} = \frac{\partial}{\partial t}\iiint_V \left(e_g + \frac{u_g^2}{2}\right)\rho_g dv + \iint_A \left(e_f + \frac{u_f^2}{2} + \frac{p_f}{\rho_f}\right)(\rho_f u_f) d\sigma \quad (1.11)$$

定义比热焓为

$$h = e + \frac{p}{\rho}$$

则滞止焓为

$$h_0 = h + \frac{u^2}{2} = e + \frac{p}{\rho} + \frac{u^2}{2}$$

若滞止焓为常数，有

$$h_g + \frac{1}{2}u_g^2 = h_f + \frac{1}{2}u_f^2$$

而

$$\frac{\partial}{\partial t}\iiint_V \left(e_g + \frac{u_g^2}{2}\right)\rho_g dv = V\frac{\partial}{\partial t}(e_g \rho_g) = V\left(\rho_g \frac{\partial e_g}{\partial t} + e_g \frac{\partial \rho_g}{\partial t}\right) = V\left(\rho_g \frac{\partial e_g}{\partial t} + \frac{e_g}{V}\frac{dM}{dt}\right) \quad (1.12)$$

式中，h_f 为与气体状态有关的参量；dM/dt 为控制体内气体质量变化率，且有

$$\frac{dM}{dt} = -\iint_A \rho_f u_f d\sigma = -\rho_f u_f A = -\Phi \quad (1.13)$$

其中，

$$\Phi = \begin{cases} A\sqrt{\frac{\gamma M p_g}{V}}\left(\frac{2}{\gamma+1}\right)^{\frac{\gamma+1}{2(\gamma-1)}}, & p_g \geqslant p_f\left(\frac{2}{\gamma+1}\right)^{-\frac{\gamma}{\gamma-1}} \\ A\left\{\frac{2\gamma}{\gamma-1}\frac{p_g M}{V}\left[\left(\frac{p_f}{p_g}\right)^{\frac{2}{\gamma}} - \left(\frac{p_f}{p_g}\right)^{\frac{\gamma+1}{\gamma}}\right]\right\}^{\frac{1}{2}}, & p_g < p_f\left(\frac{2}{\gamma+1}\right)^{-\frac{\gamma}{\gamma-1}} \end{cases}$$

将式（1.12）、式（1.13）代入式（1.11）有

$$\frac{dQ}{dt} = M\frac{\partial e_g}{\partial t} - \frac{p_g}{\rho_g}\frac{dM}{dt} \quad (1.14)$$

式中，p_g 为与罐体内能量状态有关的参量。

由理想气体状态方程有

$$dT = \frac{1}{\rho R}dp - \frac{p}{\rho^2 R}d\rho \tag{1.15}$$

因此，式（1.14）又可表述为

$$\frac{dQ}{dt} = \frac{V}{\gamma-1}\frac{\partial p_g}{\partial t} + \frac{\gamma p_g V}{M(\gamma-1)}\Phi \tag{1.16}$$

式（1.16）给出了泄压过程中三种能量间的关系，等号左边项表示罐体内介质净吸热率，右边第一项表征罐内能量变化率，第二项为泄压效应造成的能量损失率。结合式（1.16）和实验曲线，可定量分析活性弹丸化学能释放效应。在工程应用中，一般将实验获得的准静态超压作标准化处理，在读取准静态超压峰值 Δp、上升沿时间长度 t_r 及正压作用时间 t_p 基础上，认为测试罐内压力首先线性上升至峰值，随后按指数规律衰减为零。

利用上述模型可定量分析活性毁伤材料化学能释放行为，如图 1.23 所示。可以看出，在初始阶段，活性弹丸发生剧烈爆燃反应，迅速释放大量化学能。随后，随着高温高压气体产物从罐体喷出，罐内能量迅速下降。图 1.24 为活性弹丸以不同速度碰撞铝靶条件下，能量释放值随时间变化关系曲线。可以发现，随碰撞速度升高，活性弹丸在测试罐内释放的化学能逐渐升高，化学反应完成所需时间也越长。图 1.25 为碰撞速度对能量泄放效应影响规律。可以看出，随碰撞速度提高，能量损失增多。

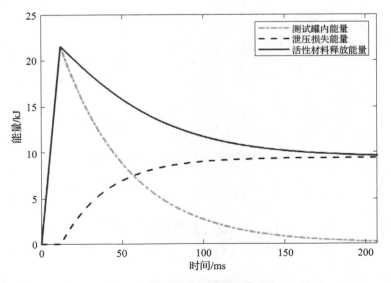

图 1.23　化学能释放随时间变化曲线

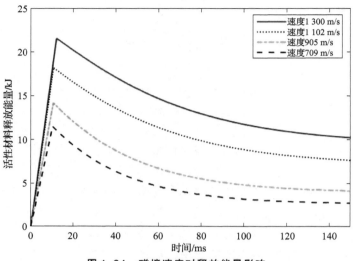

图 1.24 碰撞速度对释放能量影响

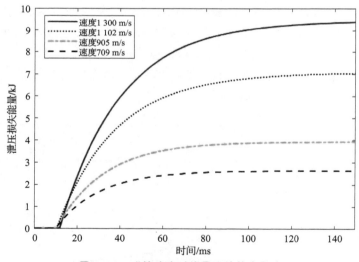

图 1.25 碰撞速度对能量泄放效应影响

1.3 碰撞激活模型

激活模型通过数学形式描述不同弹靶作用条件下,活性毁伤材料弹丸动力学响应与冲击激活行为的关联特性。本节主要建立冲击参数预估模型、激活长度预估模型，并分析弹靶作用条件对活性弹丸激活长度影响特性。

1.3.1 冲击参数预估模型

活性毁伤材料是一类由高聚物基体、活性金属、难溶金属氧化物、高密度惰性金属等构成的多组分亚稳态含能体系，冲击雨贡纽（Hugoniot）参数不仅与各组分材料力化特性相关，还显著受材料体系制备工艺、孔隙度等因素影响。

对密实材料体系，依据混合物叠加原理，冲击压缩下，混合物内各组分间初始压力差在压力扰动中快速达到平衡，各组分最终处于相同压力。

多组分体系混合物叠加原理可表述为

$$v(p) = \sum_{i=1}^{n} \alpha_i v_i(p) \tag{1.17}$$

$$\sum_{i=1}^{n} \alpha_i = 1 \tag{1.18}$$

式中，α_i、$v_i(p)$ 分别为组分 i 的质量分数和冲击绝热参数。

根据质量和动量守恒原理，波前、波后有

$$u_s - u_0 = v_0 \sqrt{(p - p_0)/(v_0 - v)} \tag{1.19}$$

$$u_p - u_0 = \sqrt{(p - p_0)(v_0 - v)} \tag{1.20}$$

式中，v_0、p_0、u_0 分别为混合物初始比容、压力、粒子速度；分析中通常忽略环境压力影响，$p_0 \approx 0$，$u_0 = 0$；p、v 分别为冲击波阵面后混合物压力、比容；u_s、u_p 分别为冲击波速度和粒子速度。

根据式（1.19），各组分冲击波速度关系为

$$v_{i0}^2 \frac{p}{u_{si}^2} = v_{i0} - v_i \tag{1.21}$$

由叠加原理，材料体系冲击波关系表述为

$$p \sum_{i=1}^{n} \frac{\alpha_i v_{i0}^2}{u_{si}^2} = \sum_{i=1}^{n} \alpha_i (v_{i0} - v_i) = v_0 - v \tag{1.22}$$

由式（1.19）和式（1.22）可得

$$\frac{v_0^2}{u_s^2} = \sum_{i=1}^{n} \frac{\alpha_i v_{i0}^2}{u_{si}^2} \tag{1.23}$$

类似地，由式（1.20），材料体系粒子速度可表述为

$$u_p^2 = \sum_{i=1}^{n} \alpha_i u_{pi}^2 \tag{1.24}$$

基于以上分析，在已知各组分冲击绝热参数条件下，可获得密实材料体系冲击绝热参数。在此基础上，还需考虑孔隙率对多组分材料体系冲击绝热参数的影响。假设孔隙中介质为空气，单位质量密实材料体积为 v_0，孔穴体积为

v_V，则单位质量非密实多组分材料体积表述为

$$v_{00} = v_0 + v_V$$

冲击压缩条件下，材料体系总内能可表述为密实材料冲击压缩能和孔穴塌陷能之和。孔穴中空气被绝热压缩至极限 h，多方气体压缩特性可表述为

$$h = (k+1)/(k-1) \tag{1.25}$$

式中，k 为空气多方指数。

孔穴塌陷所需冲击压缩做功为

$$p_H(v_V - v_V/h) = 2p_H v_V/(k+1) \tag{1.26}$$

式中，p_H 为冲击波压力。

非密实材料体系动能为密实材料与空穴空气动能之和，且冲击压缩功由材料体系动能和内能构成，则单位质量活性毁伤材料总能量为

$$u^2 = u_p^2 + 2p_H v_V/(k+1) \tag{1.27}$$

式中，u 为粒子速度。定义材料体系疏松度为

$$m = v_{00}/v_0$$

则式（1.27）可表述为

$$u^2 = u_p^2 + 2p_H v_0(m-1)/(k+1) \tag{1.28}$$

上式给出了材料体系粒子速度 u 与疏松度 m 之间的关系。已知密实材料粒子速度 u_p，由冲击绝热关系获得 p_H 后，可由式（1.28）计算材料体系粒子速度 u。

根据叠加原理，冲击压缩作用下，材料体系各组分间压力快速达到平衡，粒子速度趋于相同，则混合物与各组分粒子速度关系为

$$u_p = u_{pi} \tag{1.29}$$

进一步可得材料体系粒子速度 u 和冲击波速度 u_s'，表述为

$$u^2 = u_p^2 + 5u_s u_p(\rho_0/\rho_{00} - 1)/6 \tag{1.30}$$

$$u_s' = p_H/\rho_{00}u \tag{1.31}$$

式中，$p_H = \rho_0 u_s u_p$；ρ_0 为材料体系最大理论密度；ρ_{00} 为实测密度。

基于上述分析，可获得活性毁伤材料体系粒子速度、冲击波速度，通过拟合二者关系，可得到活性毁伤材料冲击绝热关系及参数。

1.3.2 激活长度预估模型

1. 弹靶作用模式

活性弹丸碰撞碎裂对化学反应引发及能量释放影响显著。活性弹丸以一定速度碰撞靶板时，在弹靶接触面界面处产生冲击波并分别传入靶板和弹丸，导

致弹丸在冲击载荷作用下发生高应变率塑性变形和碎裂。一方面，弹丸碎裂程度取决于冲击波强度，碰撞速度提高，弹丸碎裂程度提升；另一方面，弹丸碎裂程度也显著受靶板厚度影响，靶板越厚，传入靶板的冲击波反射形成稀疏波对弹丸冲击压力卸载越慢，导致弹丸碎裂程度提升。

活性弹丸碰撞薄靶典型作用过程如图 1.26 所示。由于靶板较薄，碰撞产生的冲击波很快到达靶板背面，并反射为稀疏波反向传播。反射稀疏波随后对活性弹丸内冲击波形成追赶卸载，导致弹丸内冲击压力迅速下降，仅头部材料发生碎裂，其余材料保持完整，活性弹丸爆燃反应不充分。

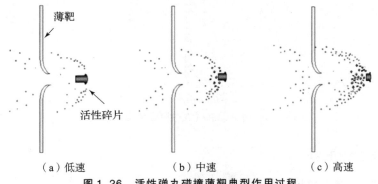

图 1.26　活性弹丸碰撞薄靶典型作用过程

活性弹丸碰撞厚靶典型作用过程如图 1.27 所示。从图中可以看出，碰撞产生的冲击波快速传至弹丸尾部，由于靶板较厚，冲击波在靶板中反射未对弹丸中冲击波形成追赶卸载，导致弹丸充分碎裂并发生爆燃反应。在此情况下，弹丸碎裂程度只取决于冲击波强度，即碰撞速度越高，活性弹丸碎裂越完全，激活及爆燃反应越充分。需要特别说明的是，靶板过厚往往导致活性弹丸往往难以贯穿靶板，因此无法有效发挥对目标的侵爆联合毁伤作用。

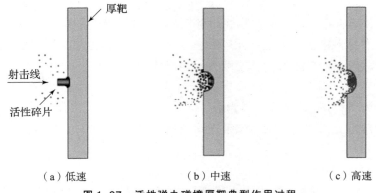

图 1.27　活性弹丸碰撞厚靶典型作用过程

活性弹丸碰撞中厚靶典型作用过程如图 1.28 所示。由于靶板厚度适中，弹丸不仅能贯穿靶板，碰撞产生的冲击波也能在反射稀疏波追赶卸载之前传至弹丸尾部。碰撞速度较低时，由于冲击波衰减，仅部分活性弹丸碎裂形成碎片并发生爆燃；碰撞速度较高时，冲击波在弹丸中的传播，导致整个弹丸碎裂形成碎片并发生剧烈爆燃反应，实现对目标的侵爆联合毁伤。

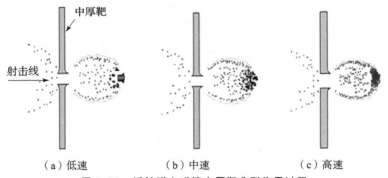

（a）低速　　　　（b）中速　　　　（c）高速

图 1.28　活性弹丸碰撞中厚靶典型作用过程

2. 弹靶作用模型

活性弹丸撞击靶板过程中发生完全爆燃反应的条件为，碰撞产生的冲击波在反射稀疏波追赶卸载之前率先到达弹丸底部，导致弹丸充分碎裂，同时冲击波强度始终不低于活性毁伤材料临界爆燃压力 p_c。而该过程均显著与弹靶碰撞条件、碰撞速度、弹丸尺寸、靶板材料、靶板厚度等因素相关。

根据质量、动量和能量守恒条件，活性弹丸碰撞靶板过程满足

$$\rho_0 U = \rho(U - u) \tag{1.32}$$

$$p - p_0 = \rho U u \tag{1.33}$$

$$E - E_0 = (p + p_0)(V_0 - V)/2 \tag{1.34}$$

式中，ρ_0、E_0、V_0、p_0 分别为初始材料密度、内能、比容和压力；ρ、E、V、p 分别为波后材料密度、内能、比容和压力；U、u 分别为冲击波和粒子的速度。

密实材料中冲击波与粒子速度关系表述为

$$U = c_0 + su \tag{1.35}$$

式中，c_0 为材料声速；s 为材料常数。

碰撞界面上，速度、压力满足连续条件，有

$$v_i = u_p + u_t \tag{1.36}$$

$$p_p = p_t \tag{1.37}$$

式中，v_i 为碰撞速度；u_p、u_t 分别为活性毁伤材料和靶板材料粒子速度；p_p、

p_t 分别为活性毁伤材料和靶板材料中冲击波压力。

由式（1.35）和式（1.33），可得

$$p = \rho_0(c_0 + su)u \tag{1.38}$$

碰撞作用下，活性弹丸与靶板中初始冲击波压力分别表述为

$$p_p = \rho_{0p}[c_0 + s_p(v_i - u_t)](v_i - u_t) \tag{1.39}$$

$$p_t = \rho_{0t}(c_0 + s_t u_t)u_t \tag{1.40}$$

式中，ρ_{0p}、ρ_{0t} 分别为压力为 0 时和时间为 0 时的材料密度；s_p、s_t 均为与材料有关的常数。

将式（1.39）和式（1.40）代入式（1.37），得

$$\rho_{0p}[c_{0p} + s_p(v_i - u_t)](v_i - u_t) = \rho_{0t}(c_{0t} + s_t u_t)u_t \tag{1.41}$$

式（1.41）是关于 u_t 的二次方程，则靶板中粒子速度表述为

$$u_t = [-b \pm (b^2 - 4ac)^{0.5}]/(2a) \tag{1.42}$$

式中

$$a = \rho_{0p}s_p - \rho_{0t}s_t$$
$$b = -2\rho_{0p}s_p v_i - \rho_{0p}c_{0p} - \rho_{0t}c_{0t}$$
$$c = \rho_{0p}v_i c_{0p} + \rho_{0p}v_i^2 s_p$$

将 u_t 代入式（1.35），得到

$$U_t = c_{0t} + s_t u_t \tag{1.43}$$

将 u_t 和 U_t 代入式（1.32），则可得波后靶板材料密度为

$$\rho_t = \frac{\rho_{0t} U_t}{U_t - u_t} \tag{1.44}$$

利用碰撞界面上，速度、压力满足连续条件，则粒子速度可表述为

$$u_p = v_i - u_t \tag{1.45}$$

将 u_p 代入式（1.35），得到

$$U_p = c_{0p} + s_p u_p \tag{1.46}$$

式中，c_{0p} 为压力为 0 时材料内的声速。则波后活性毁伤材料密度为

$$\rho_p = \frac{\rho_{0p} U_p}{U_p - u_p} \tag{1.47}$$

靶板中反射稀疏波对形成追赶卸载之前，冲击传过整个弹丸的时间为

$$t_{0p} = t_{0t} + t_t + t_p \tag{1.48}$$

式中

$$t_{0p} = \frac{L_p}{U_p}$$

$$t_{0t} = \frac{L_t}{U_t}$$

$$t_t = \frac{L_t \rho_{0t}}{\rho_t C_t}$$

$$t_p = \frac{L_p \rho_{0p}}{\rho_p C_p}$$

式中，t_{0p}、t_{0t} 分别为冲击波扫过活性弹丸和靶板的时间；t_p、t_t 分别为稀疏波扫过活性弹丸和靶板的时间；L_t 为靶板厚度；L_p 为弹丸长度；U_p、U_t 分别为活性弹丸和靶板中冲击波传播速度；C_p、C_t 分别为活性弹丸和靶板中稀疏波传播速度；ρ_p、ρ_t 分别为活性毁伤材料和靶板材料的密度。

稀疏波传播速度 C 可按下式估算

$$C = U\{0.49 + [(U-u)/U]^2\}^{0.5} \quad (1.49)$$

联立式（1.48）和式（1.49），可得冲击波扫过整个弹丸对应的最小靶厚

$$L_{t\min} = L_p \frac{(1/U_p) - \rho_{0p}/(\rho_p C_p)}{\rho_{0t}/(\rho_t C_t) + 1/U_t} \quad (1.50)$$

也就是说，冲击波扫过整个活性弹丸的条件为

$$L_t \geqslant L_p \frac{(1/U_p) - \rho_{0p}/(\rho_p C_p)}{\rho_{0t}/(\rho_t C_t) + 1/U_t} \quad (1.51)$$

要实现活性毁伤弹丸完全激活，从初始冲击波形成至传至弹丸尾部，幅值应始终高于活性毁伤材料冲击激活压力阈值 p_c，即

$$p(L_p) = p_p \exp(-\alpha L_p) \geqslant p_c \quad (1.52)$$

式中，$p(L_p)$、p_p 和 α 分别为弹丸尾部冲击波压力、初始冲击波压力及冲击波在活性毁伤材料内的衰减系数。

最终，得到活性弹丸完全爆燃临界弹靶条件为

$$\begin{cases} L_t \geqslant L_p \dfrac{(1/U_p) - \rho_{0p}/(\rho_p C_p)}{\rho_{0t}/(\rho_t C_t) + 1/U_t} \\ p(L_p) = p_p \exp(-\alpha L_p) \geqslant p_c \end{cases} \quad (1.53)$$

利用式（1.53），可获得活性弹丸以不同速度碰撞铝、钢靶时，完全爆燃反应所对应的最小靶板厚度。

同时，式（1.51）又可表述为

$$L_p \leqslant L_t \frac{\rho_{0t}/(\rho_t C_t) + 1/U_t}{(1/U_p) - \rho_{0p}/(\rho_p C_p)} \quad (1.54)$$

通过式（1.54）可获得碰撞产生冲击波在活性弹丸中的有效扫掠长度。

3. 起爆阈值

在式（1.53）中，冲击波衰减系数 α 和临界爆燃压力 p_c 一般通过实验确定。引入碰撞条件下的活性弹丸材料爆燃率 η，即弹丸中参与爆燃反应的活性

材料质量 m 与活性弹丸总质量 M_h 之比为

$$\eta = \frac{m}{M_h} \quad (1.55)$$

研究表明,碰撞速度大于临界值后,活性弹丸在测试罐内超压变化不再明显,可以认为,当碰撞速度大于某临界值后,活性弹丸爆燃率为 100%。若忽略爆燃阶段测试罐内气体热损失及泄压效应,假设测试罐内气体得到热量 Q 与活性毁伤材料释放热量相等,则活性弹丸爆燃率 η 表述为

$$\eta = \frac{m}{M_h} = \frac{mq}{M_h q} = \frac{Q}{Q_{max}} = \frac{\Delta p}{\Delta p_{max}} \quad (1.56)$$

式中,q 为单位质量活性毁伤材料放热量;Δp 为测试罐内超压峰值,下标 max 代表活性弹丸完全爆燃。根据式(1.56),结合不同碰撞速度实验所得罐内爆燃压力,可获得碰撞速度与爆燃率间的关系。

若弹靶作用条件可保证冲击波传至弹丸底部,活性弹丸爆燃率将仅取决于初始冲击波强度。若碰撞瞬间在活性弹丸内产生的初始冲击波压力为 p_0,随后 p_0 在弹丸内传播并衰减,约定 p_0 衰减至 p_c 时,冲击波在弹丸内传播距离为 x,则发生爆燃反应的活性弹丸长度即为 x,爆燃率表述为

$$\eta = \frac{m}{M_h} = \frac{x}{l} \quad (1.57)$$

式中,l 为活性弹丸总长。则初始冲击波压力 p_0 和临界压力 p_c 满足

$$p_c = p_0 \exp(-\alpha x) \quad (1.58)$$

联立式(1.57)和式(1.58),得

$$\eta = -\frac{1}{\alpha l} \ln \frac{p_c}{p_0} \quad (0 \leq \eta \leq 1) \quad (1.59)$$

式(1.59)即为爆燃率 η 和初始冲击波压力 p_0 间的关系。

进一步的,活性弹丸爆燃率又可表述为

$$\begin{aligned}\eta &= -\frac{1}{\alpha l} \ln \frac{p_c}{p_0} = -\frac{1}{\alpha l}(\ln p_c - \ln p_0) \\ &= -\frac{1}{\alpha l} \ln p_c + \frac{1}{\alpha l} \ln p_0 = C_1 + C_2 \ln p_0 \quad (0 \leq \eta \leq 1)\end{aligned} \quad (1.60)$$

式中,C_1 和 C_2 为常数,$C_1 = -\frac{1}{\alpha l} \ln p_c$,$C_2 = \frac{1}{\alpha l}$。

基于碰撞速度与爆燃率间的关系,再结合一维冲击波理论,可得到碰撞压力与爆燃率间的关系 (p_{0i}, η_i)。在此基础上,将各组 (p_{0i}, η_i) 数据按式(1.60)进行拟合,就可得到 p_c 和 α 的理论预估取值。

1.3.3 激活长度影响特性

基于式（1.52），可得到活性弹丸贯穿靶板过程中的激活长度 L_{i1} 和碎裂长度 L_{s1}，分别表述为

$$L_{i1} = \frac{\ln\left(\dfrac{p_0}{p_c}\right)}{\delta} \quad (1.61)$$

$$L_{s1} = \frac{\ln\left(\dfrac{p_0}{Y_c}\right)}{\delta} \quad (1.62)$$

式中，p_c 和 Y_c 分别为活性毁伤材料临界激活压力和临界碎裂压力。

另外，活性弹丸碰撞靶板瞬间形成的冲击波分别传入弹丸和靶板中，从靶板背面反射的卸载波将追赶弹丸中的冲击波，在碰撞速度一定的条件下，初始冲击波可扫过的活性毁伤材料长度为 L_2，可由式（1.54）获得。

活性毁伤材料激活长度和碎裂长度分别表述为

$$L_i = \min(L_{i1}, L_2) \quad (1.63)$$

$$L_s = \min(L_{s1}, L_2) \quad (1.64)$$

靶板厚度和碰撞速度对活性毁伤材料激活长度影响如图1.29所示。可以看出，活性毁伤材料激活长度随碰撞速度提高，整体呈增大趋势。碰撞速度对激活长度的影响可分为两个阶段，第一阶段，碰撞速度较低时，活性毁伤材料激活长度主要取决于冲击波强度，也就是说，碰撞速度对激活长度的影响规律

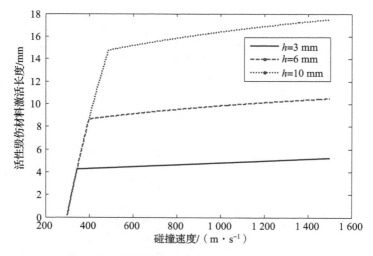

图1.29 靶板厚度和碰撞速度对激活长度影响

由冲击波在材料内的衰减规律决定,碰撞速度越大,活性毁伤材料激活长度越大;第二阶段,碰撞速度高于某临界值时,随着碰撞速度继续提高,活性毁伤材料激活长度主要受靶板背面稀疏波卸载效应影响。在该阶段,碰撞速度对激活长度影响主要取决于靶板厚度,靶板厚度增加,稀疏波卸载效应延迟,活性毁伤材料激活长度增加,爆燃反应程度更充分。

1.4 碰撞引发碎裂化学能释放准则

碰撞加载下,活性弹丸发生碎裂引发爆燃反应,且反应程度、靶后超压及释能效应显著受弹丸碎裂程度影响。本节主要建立活性弹丸碰撞引发碎裂模型,获得碎裂尺寸分布特性,并通过碎裂尺寸表征能量释放特性。

1.4.1 碰撞引发碎裂模型

高速碰撞条件下,活性弹丸贯穿靶板后形成截椭圆形碎片云,如图 1.30 所示。椭圆长半轴与短半轴分别为 c_0 和 a_0,碎片云尾部到碎片云头部之间的距离为 h_0。随碎片云扩展,a_0/c_0 值迅速增大,且很快达到恒定值。θ 为碎片云散射角,表征活性碎片速度矢量与碎片云椭球长轴线间夹角。

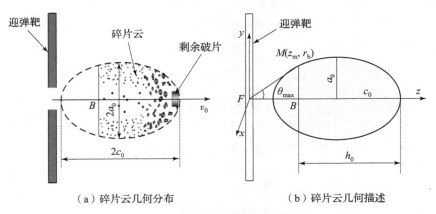

(a) 碎片云几何分布   (b) 碎片云几何描述

图 1.30 活性弹丸碎片云分布特性

活性弹丸撞靶时,从靶板贯穿到活性弹丸在靶后形成碎片云的时间间隔非常短,碎裂模型建立时通常不考虑该过程中弹、靶材料状态变化。为对弹丸撞击后的碎裂过程进行分析,所做假设如下:

① 只考虑活性弹丸碎裂所产生的碎片；
② 活性弹丸贯穿靶板后，初始靶后碎片开始稳定膨胀与飞散；
③ 各活性碎片速度矢量保持不变，且反向延长线均经过同一点。

贯穿靶板后，活性毁伤材料碎片云平均尺寸表述为

$$s_a = \left(\frac{\sqrt{24}K_{Ic}}{\rho_p c_p \dot{\varepsilon}}\right)^{2/3} \quad (1.65)$$

式中，s_a 为试样平均尺寸；K_{Ic} 为断裂强度因子；c_p 为材料声速；ρ_p 为活性毁伤材料密度；$\dot{\varepsilon}$ 为平均应变率。

假设活性毁伤材料碎片为球形，碎片总数 N_0 表述为

$$N_0 = \frac{6L_s m_p}{\pi L_0 s_a^3 \rho_p} \quad (1.66)$$

式中，m_p 为试样质量；L_0 为试样长度。

基于泊松分布，累计碎片数可表述为

$$N(m) = N_0(1 - e^{[M/m_a - 1]\ln[1 - m/M]}) \quad (1.67)$$

式中，M 为弹丸质量；m 为碎片质量；m_a 为碎片平均质量；$N(m)$ 为质量小于 m 的碎片总数。活性碎片质量和尺寸间的关系为

$$m/m_a = (s/s_a)^3$$

综上，活性碎片尺寸分布可表述为

$$N(s) = N_0(1 - \exp[(D_p^3/s_a^3 - 1)\ln(1 - s^3/D_p^3)]) \quad (1.68)$$

式中，$N(s)$ 为尺寸小于 s 的累积碎片总数；D_p 为活性弹丸直径。

对靶后碎片散射区进行离散化处理，第 i 个散射区间 $[\theta_i, \theta_i + d\theta]$ 中碎片云空间分布规律为

$$N_{\theta_i} = \frac{5N_0}{1.0648\sqrt{2\pi}} \cdot \frac{d\theta}{\theta_{max}} \cdot \exp\left[-0.5\left(\frac{5\theta_i/\theta_{max} - 2.3}{1.1}\right)^2\right] \quad (1.69)$$

式中，N_{θ_i} 为第 i 个散射区间碎片数量；θ_{max} 为碎片最大散射角，表述为

$$\theta_{max} = 91.8(v_0/U_t) + 8.9 \quad (1.70)$$

靶后碎片云中，第 i 个散射区间内活性碎片速度可表述为

$$v_{\theta_i} = v_r \cos(1.94\theta_i)/\cos\theta_i \quad (1.71)$$

式中，活性弹丸剩余速度 v_r 可表述为

$$v_r = a_r(v_0^n - v_s^n)^{1/n} \quad (1.72)$$

式中，v_0 为碰撞速度；v_s 为弹道极限速度，a_r 和 n 为

$$\begin{cases} n = 2 + h/(3D_p) \\ a_r = m_p/(m_p + \pi\rho_{t0}D_p^2 h/12) \end{cases}$$

式中，h 为靶板厚度；ρ_{t0} 为靶板初始密度。

1.4.2 碎裂尺寸分布特性

1. 靶板厚度影响

活性弹丸以 1 300 m/s 速度碰撞不同厚度铝靶碎片云特性如图 1.31 所示。从图中可以看出,在图示时刻,碎片云整体呈类椭球状,且随靶板厚度增加,椭球状碎片云轮廓不断增大,碎片尺寸不断减小[见图 1.31 (a)]。

活性弹丸穿透不同厚度铝板后,活性材料碎片速度随散射角变化如图 1.31 (b)所示,由图可知,散射角相同时,靶板越厚,碎片速度越低;散射角为 0°时,碎片速度达到最大。随着散射角沿 0°逐渐向两侧增大,活性碎片速度逐渐降低。不同靶厚对应的活性碎片速度差随散射角增大而逐渐减小,这表明碎片云两侧及后端的碎片速度受靶厚影响较小。

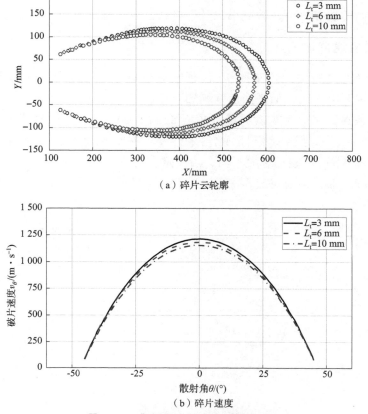

(a) 碎片云轮廓

(b) 碎片速度

图 1.31 靶板厚度对碎片云特性影响

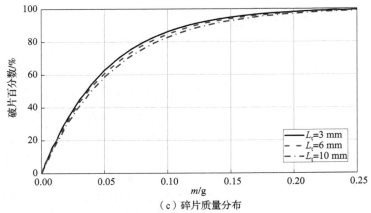

(c)碎片质量分布

图 1.31　靶板厚度对碎片云特性影响（续）

撞击不同厚度靶板时，碎片质量分布特性如图 1.31（c）所示，从图中可以看出，靶板厚度不同，活性弹丸碎片质量呈现类似分布规律，且随靶板厚度增加，相同质量碎片百分数减小，且最终总百分数趋于 100%。

2. 碰撞速度影响

活性弹丸以不同速度碰撞 6 mm 厚铝靶形成碎片云分布特性如图 1.32 所示。从图中可以看出，随碰撞速度增加，靶后碎片云轮廓不断扩大，表明碎片整体速度越高，碎化程度越严重［见图 1.32（a）］。随散射角增加，碎片速度先升高后减小，且在相同散射角条件下，碰撞速度越高，碎片速度越大［见图 1.32（b）］。碰撞速度不同，活性弹丸碎片质量呈现类似分布规律，且随碰撞速度增加，相同质量碎片百分数增加，且最终总百分数趋于 100%。

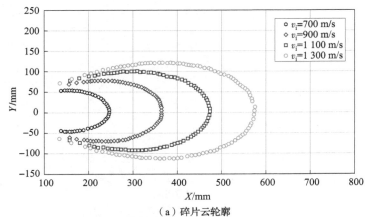

(a)碎片云轮廓

图 1.32　碰撞速度对碎片云特性影响

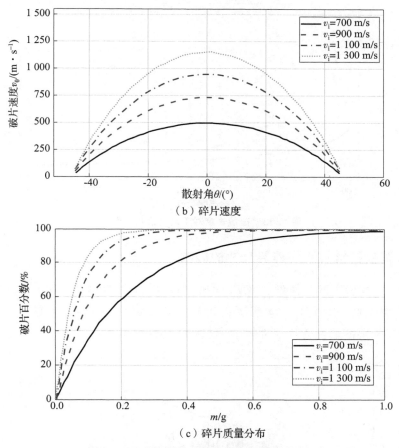

(b) 碎片速度

(c) 碎片质量分布

图 1.32 碰撞速度对碎片云特性影响（续）

1.4.3 能量释放碎裂尺寸表征

1. 碰撞速度对平均碎裂尺寸的影响

基于所建立的碰撞引发碎裂模型，碰撞速度对平均碎片尺寸的影响如图 1.33 所示。从图中可以看出，随碰撞速度提高，活性弹丸碎裂程度提升，活性碎片平均尺寸减小。此外，活性材料动态强度断裂因子 K_{Ic} 对活性碎片尺寸也有一定影响，K_{Ic} 值越大，碰撞形成的平均活性碎片尺寸越大。在获得碰撞速度对平均碎片尺寸影响规律基础上，结合实验所得碰撞速度与化学能释放关系，即可得到平均碎片尺寸与化学能释放间的关联特性。

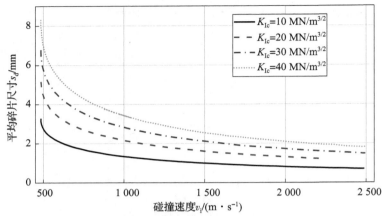

图 1.33　碰撞速度对平均碎片尺寸影响

2. 靶板材料对平均碎裂尺寸的影响

基于碰撞引发碎裂模型，取 $K_{Ic} = 20\ \text{MN/m}^{3/2}$，活性弹丸碎片尺寸对活性材料反应度影响规律如图 1.34 所示。从图中可以看出，随碰撞速度增加，碰撞碎裂形成的平均活性碎片尺寸呈下降趋势，活性材料反应度增加。

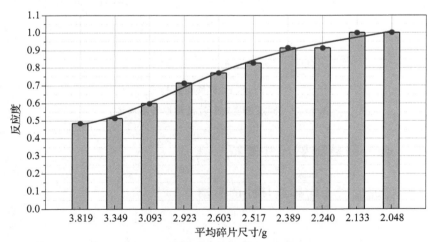

图 1.34　靶板材料对平均碎片尺寸影响

第 2 章

弹道侵彻效应

2.1 弹道侵彻基础

弹道侵彻是指弹丸以一定速度和角度碰撞目标后，利用自身动能和强度侵入或贯穿目标并引起毁伤作用的行为。本节重点介绍典型弹道侵彻模式、弹道极限速度和空穴膨胀理论等弹道侵彻基本行为及相关理论。

2.1.1 弹道侵彻模式

弹丸侵彻靶板的过程十分复杂，靶板材料、靶板厚度、弹丸材料、碰撞速度等因素，均显著影响弹丸侵彻靶板行为及弹道侵彻模式。

按厚度，靶板主要分为薄靶、中厚靶、厚靶、半无限靶四种类型。弹体侵彻过程中，薄靶中应力和应变沿靶板厚方向无显著梯度分布。侵彻中厚靶过程中，侵彻行为受靶板背面边界稀疏波影响显著。侵彻厚靶过程中，弹体侵入一定深度时，靶板背面边界稀疏波对侵彻过程的影响才得以体现。而侵彻半无限靶板时，则无须考虑靶板背面边界稀疏波影响。

侵彻作用下，不同厚度靶板破坏模式不同，主要包括脆性破坏、延性穿孔、花瓣形破坏、冲塞破坏、崩落破坏、成坑破坏等类型。

脆性破坏一般出现于靶板材料拉伸强度明显低于压缩强度时。侵彻过程中，弹丸撞击产生的压缩应力超过靶板材料抗压强度，穿孔处将产生大量向外延伸的径向裂纹，典型脆性破坏毁伤模式如图2.1（a）所示。

锥形或卵形头部弹丸侵彻延性靶时，由于弹丸挤压，靶板穿孔处产生剧烈膨胀，靶板材料轴向和径向发生塑性变形，被挤向穿孔入口和出口处，并随弹丸贯穿过程将孔口扩大，在靶板上形成延性穿孔，如图2.1（b）所示。

外形变化很大的弹丸侵彻延性薄靶时，首先引起沿穿孔的星形径向破坏。弹丸继续侵彻时，星形裂纹向整个靶板厚度和径向扩展，裂纹间角料转折成花瓣状，在靶板上形成花瓣形破坏，如图2.1（c）所示。

柱形或钝头弹侵彻刚性薄靶或中厚靶时，在弹丸挤压作用下，弹靶接触位置环形截面处产生显著剪切效应，并同时产生热量。由于侵彻过程速度较高，产生的热量无法及时传导，剪应力聚集区域温升显著，导致靶板局部抗剪强度降低，随弹丸侵彻产生柱状塞块，即为冲塞破坏，如图2.1（d）所示。

钝头弹侵彻强度较低中厚靶时，由于弹丸撞击，靶板受到强烈冲击，靶内产生压缩应力波。压缩应力波传到靶板背面发生发射，形成一道自靶板背面与反射应力波传播方向相反的拉伸波。入射压缩波与反射拉伸波相互干涉，在靶内一定厚度处出现拉伸应力并超过靶板抗拉强度，靶板背面产生崩落碎片，导致靶板产生崩落破坏，如图2.1（e）所示。

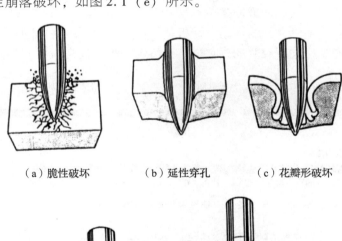

(a) 脆性破坏　　　(b) 延性穿孔　　　(c) 花瓣形破坏

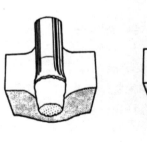 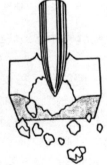

(d) 冲塞破坏　　　(e) 崩落破坏

图2.1 典型靶板破坏模式

弹丸侵彻半无限厚靶板时，由于无须考虑背面边界稀疏波效应，靶板典型破坏模式为成坑破坏。碰撞速度不同，弹坑形状不同。低速时，弹坑呈柱形孔，横截面和弹丸横截面衔接紧密；中高速时，弹坑纵向剖面呈不规则的锥形或钟形，口部直径大于弹丸直径；超高速时，弹坑则呈杯形，如图2.2所示。

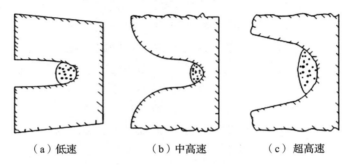

(a) 低速　　　　(b) 中高速　　　　(c) 超高速

图2.2　典型半无限靶板破坏模式

球形弹丸侵彻薄靶形成花瓣形破坏过程如图2.3所示。碰撞瞬间，弹靶中均产生较高压力，造成靶板迎弹位置初始变形。由于靶板较薄，弹丸碰撞靶板快速产生穿孔。随弹丸继续运动，靶板材料沿弹丸表面被挤向四周，穿孔逐步扩大，同时产生径向裂纹并向外扩展，最终在靶板背面形成花瓣形破坏。

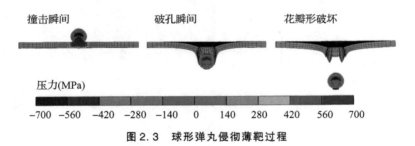

图2.3　球形弹丸侵彻薄靶过程

球形弹丸侵彻厚靶形成冲塞破坏过程如图2.4所示。破坏过程分为三个典型阶段。

第一阶段为初始压缩阶段。在该阶段，球形弹丸仅受惯性力和压缩力作用。由于碰撞作用，在弹靶接触面产生强压缩应力，当应力值达到弹丸材料屈服极限时，球体发生塑性变形和墩粗现象。与此同时，靶板内传播的压缩波到达靶板背面时，发生反射形成拉伸波，并反向传播。拉伸波与压缩波相遇后，压缩应力迅速降低，弹丸塑性变形停止，造成弹丸的局部墩粗现象。对应的弹丸接触面边界受拉应力作用，使球体周围产生明显裂纹。当弹丸初速 v_0 达到一定值时，拉应力将大于弹丸动态抗拉强度极限，导致弹丸破碎。

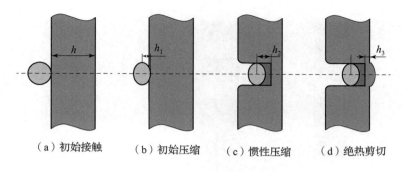

(a) 初始接触　　(b) 初始压缩　　(c) 惯性压缩　　(d) 绝热剪切

图 2.4　球形弹丸侵彻厚靶过程

第二阶段为惯性压缩阶段。部分靶板材料受球形弹丸碰撞后，获得与弹丸相同的速度，附加在弹丸一侧形成组合体，相邻部分靶板速度较小导致侵彻方向出现速度梯度，形成了剪切力。该剪切力仅导致靶板发生塑性变形。组合体质量随时间不断增大，直至延伸到靶板背面，第二阶段结束。

第三阶段为绝热剪切阶段。弹丸在剪切力作用下继续侵彻靶板，受剪靶板和弹丸构成一个封闭区间，形成绝热剪切带。当绝热剪切带延伸至靶板背面时，塞块脱离靶板，侵彻过程结束，弹丸与塞块以相同速度从靶后抛出。

2.1.2　弹道极限速度

弹丸侵彻目标时，利用动能在目标内开辟通道，弹丸能否穿透目标，取决于弹丸的贯穿能力，常通过弹道极限速度衡量。弹道极限速度是指弹丸以规定的着靶姿态，贯穿给定靶板所需的碰撞速度。实际上，对于给定的弹丸和靶标，弹道极限速度反映了在规定条件下弹丸贯穿靶板所需的最小动能。

常用弹道极限速度有三种，分别为陆军弹道极限速度、防御弹道极限速度、海军弹道极限速度，如图 2.5 所示。美国陆军弹道极限标准规定，弹道极限速度是弹丸可刚好贯穿靶板，靶后无飞散碎片所需的最低速度。防御弹道极限速度指弹丸穿透装甲，且可在靶后产生满足要求的动能碎片所需的最低速度。海军弹道极限速度，是指弹丸完全穿过装甲板所需的最低速度。

对一组特定弹丸和目标，弹道极限速度并非固定值，而是一段速度区间，如图 2.6 所示。随弹丸速度增加，贯穿率分为三个区间。当着速 v 小于某一速度 v_1 时，所有弹丸均不能贯穿靶板，对应非贯穿区（1）；当 v 大于速度 v_2 时，弹丸均能贯穿靶板，对应贯穿区（3）。当 v 在 v_1 与 v_2 之间时，弹丸可能贯穿目标，也可能不贯穿，贯穿百分比随弹丸速度的提高而增加，对应临界区（2）。其中，50% 和 90% 概率贯穿时对应弹道极限速度分别称为 v_{50} 和 v_{90}，

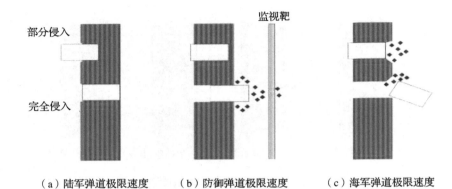

(a) 陆军弹道极限速度　　(b) 防御弹道极限速度　　(c) 海军弹道极限速度

图 2.5　三种弹道极限速度

对应的标准方差分别表示为 σ_{50} 和 σ_{90}。v_{50} 和 v_{90} 越小表明弹丸贯穿能力越强，σ_{50} 和 σ_{90} 越小表明弹丸贯穿性能越稳定。v_{90} 和 v_{50} 间关系经验公式表述为

$$v_{90} = v_{50} - 1.28\sigma_{50} \tag{2.1}$$

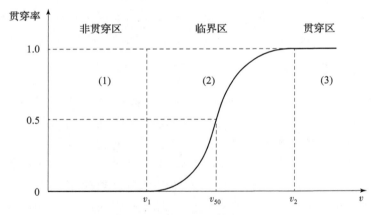

图 2.6　贯穿率随着速变化关系

弹道极限速度常通过"升降法"实验获得。实验中，首先按弹/靶作用条件对弹道极限速度进行初步估算；然后按弹丸质量、发射药量与发射初速经验关系，确定发射药量和发射弹丸质量，并根据所测弹丸速度和靶板穿孔状态，按"升降法"调整发射药量和发射初速。若弹丸贯穿靶板，则减少发射药量再次实验；若弹丸未贯穿靶板，则增加发射药量，提高发射速度，再次实验。实验后，依据实验结果及数据处理方法，给出弹道极限速度。

依据不同实验方法、弹靶材料特性、弹靶作用条件、弹道侵彻实验结果，弹道极限速度可通过经验公式、理论分析获得。

低速条件下,弹丸依靠动能击穿目标。弹丸击穿目标所需能量,应不小于目标动态变形功

$$E_{im} \geq E \tag{2.2}$$

式中,E_{im} 和 E 分别为弹丸贯穿目标所需能量和目标动态变形功,且

$$E = K_1 A_s b \sigma_b \tag{2.3}$$

式中,K_1 为比例系数,取决于材料性质;A_s 为弹丸作用于靶板的面积;b 为靶板厚度;σ_b 为靶板强度。

一般来说,不同厚度、强度材料靶板可相互进行等效,等效关系可表述为

$$b\sigma = b_{A1} \sigma_{A1} \tag{2.4}$$

式中,b、b_{A1} 分别为待等效靶板和已知靶板的厚度;σ、σ_{A1} 分别为待等效靶板和已知靶板的材料强度。由式(2.4)和式(2.3)有

$$E = \sigma_{A1} K_1 A_s = K b_{A1} A_s \tag{2.5}$$

弹丸击穿厚度为 b_{A1} 的靶板时,撞击能必须满足

$$E_{im} \geq E = K b_{A1} A_s$$

即

$$\frac{E_{im}}{K b_{A1}} \geq A_s$$

弹丸作用靶板单位面积比能 E_{am} 可表述为

$$E_{am} = \frac{E_{im}}{\overline{A_s}} \tag{2.6}$$

$$E_b = \frac{E_{am}}{b_{A1}} \geq K \frac{A_s}{\overline{A_s}} \tag{2.7}$$

式中,$\overline{A_s}$ 为弹丸作用于靶板的平均面积;E_b 为衡量贯穿作用的参数。当弹丸侵彻过程中作用于靶板的比能低于靶板变形功时,则无法贯穿靶板。当 $E_b < E$ 时,则击穿概率 P_{Me} 为 0;当 $E_b > E$ 时,则击穿概率 P_{Me} 为 1。

美国弹道研究实验室(Ballistic Research Laboratory)通过对多种材料及形状弹丸侵彻实验数据的统计拟合,提出了 THOR 方程,适用于估算弹丸低速碰撞侵彻时的剩余速度和剩余质量。剩余速度表述为

$$V_r = V_s - 10^c (eA)^\alpha M_s^\beta (\sec\theta)^\gamma V_s^\lambda \tag{2.8}$$

式中,M_s、V_r、V_s 分别为弹丸质量、剩余速度和碰撞速度;e 为靶板厚度;A 为弹丸侵彻区域面积;θ 为弹丸入射方向和靶板法线间的夹角;c、α、β、γ、λ 均为与材料相关的常数。

弹道极限速度计算的 THOR 方程表述为

$$V_c = 10^c (eA)^\alpha M_s^\beta (\sec\theta)^\gamma V_s^\lambda \tag{2.9}$$

弹丸穿透靶板后剩余质量计算的 THOR 方程为

$$M_r = M_s - 10^c (eA)^\alpha M_s^\beta (\sec\theta)^\gamma V_s^\lambda \qquad (2.10)$$

常见材料用于计算剩余速度和剩余质量的 THOR 方程参数列于表 2.1，用于计算弹道极限速度的 THOR 方程参数列于表 2.2。

表 2.1 常见材料用于计算剩余速度和剩余质量的 THOR 方程参数

材料	c	α	β	γ	λ
镁	6.9	1.1	1.2	1.1	0.09
铝合金	7.0	1.0	1.1	1.2	0.14
钛合金	6.3	1.1	1.1	1.4	0.7
铸铁	4.8	1.0	1.1	1.0	0.52
硬化钢	4.4	0.7	0.8	1.0	0.43
低碳钢	6.4	0.9	0.9	1.3	0.02
高强度钢	6.5	0.9	0.9	1.3	0.02
铜	2.8	0.7	0.7	0.8	0.80
铅	2.0	0.5	0.5	0.7	0.82
Tub 合金	2.5	0.6	0.6	0.9	0.83

表 2.2 常见材料用于计算弹道极限速度的 THOR 方程参数

材料	c_1	α_1	β_1	γ_1
镁	6.4	1.0	1.1	1.0
铝合金	6.2	0.9	0.9	1.1
钛合金	7.6	1.3	1.3	1.6
铸铁	10.2	2.2	2.2	2.2
表面硬化钢	7.7	1.2	1.4	1.7
低碳钢	6.5	0.9	1.0	1.3
高强度钢	6.6	0.9	1.0	1.3
铜	14.1	3.5	3.7	4.3
铅	10.0	2.7	2.7	3.6
Tub 合金	14.8	3.4	3.5	5.0

基于冲塞理论的弹道极限方程有所不同。以球形弹丸侵彻靶板过程为例，假设侵彻过程中弹丸无质量损失，并忽略弹丸与靶板摩擦所消耗能量，球形弹丸变形只产生于初始压缩阶段。冲塞过程中，根据能量守恒定律，球形弹丸动能主要转化为塞块和弹丸的剩余动能 W_1、弹丸墩粗变形消耗的能量 W_2、惯性压缩作用消耗的能量 W_3、靶板冲击形成绝热剪切带需要的能量 W_4。

在初始压缩阶段，假设球形弹丸侵入靶板深度为 h_1，球形弹丸变形部分处于动态屈服应力状态，墩粗部分可近似为柱体，镦粗变形所需能量为

$$W_2 = \pi R^2 \sigma_p h_1$$

式中，σ_p 为弹丸动态屈服应力；R 为球体墩粗部分半径。

假设球形弹丸初始速度为 v_1，塞块速度 v 和弹丸初始速度 v_1 满足关系

$$\frac{1}{2} m_p v^2 - W_2 = \frac{1}{2} m_p v_1^2 \qquad (2.11)$$

惯性压缩阶段作用于弹靶上的作用力主要包括压缩力和剪切力。假设弹丸和靶板作用后共同速度为 v_2，根据动量守恒定律有

$$(m_p + m_t) v_2 = m_p v_1 \qquad (2.12)$$

$$m_t = \pi R^2 \rho_t (h - h_1) \qquad (2.13)$$

式中，m_p、m_t 分别为弹体和塞块的质量；ρ_t 为靶板材料密度。

惯性压缩作用消耗的能量 W_3 为

$$W_3 = \frac{1}{2} m_p v_1^2 - \frac{1}{2} (m_p + m_t) v_2^2 = \frac{1}{2} m_p m_t v_1^2 / (m_p + m_t) \qquad (2.14)$$

弹丸与靶板碰撞后，接触应力为 p_1，相对速度为 0。在接触应力作用下，弹丸产生后退速度 V_2，则接触面真实速度应表述为

$$v_1 - V_1 = V_2 \qquad (2.15)$$

式中，V_1 为靶板运动速度。

根据动量守恒定律，在撞击时间 Δt 内，应力波在靶板内传播 Δx，则有

$$p_1 \Delta t = \rho_t \Delta x V_2 \qquad (2.16)$$

由于

$$\left(\frac{\Delta x}{\Delta t} \right)_t = c_t \qquad (2.17)$$

弹丸后退速度 V_2 可表述为

$$V_2 = \frac{p_1}{\rho_t c_t} \qquad (2.18)$$

弹丸初始速度与接触应力之间的关系可表述为

$$v_1 = p_1 \left(\frac{1}{\rho_p c_p} + \frac{1}{\rho_t c_t} \right) \qquad (2.19)$$

式中，c_p、c_t分别为弹丸和靶板中应力波传播速度。

由式（2.19）和式（2.14），可得惯性压缩作用消耗能量为

$$W_3 = \frac{1}{2}m_p m_t \frac{p_1^2(\rho_p c_p + \rho_t c_t)^2}{(\rho_p c_p \rho_t c_t)^2}/(m_p + m_t) \quad (2.20)$$

惯性压缩过程中，弹靶作用区域圆周剪切抗力使弹靶间压力有所增加。此阶段，塞块位移很小，圆周剪切面积近似等于初始剪切时最大面积$2\pi R h_2$。剪切抗力引起的压应力增量为

$$p_2 = \frac{2\pi R h_2 \tau}{\pi R^2} = \frac{2h_2 \tau}{R} \quad (2.21)$$

式中，τ为材料动态剪切强度；h_2为惯性压缩阶段的侵彻靶板深度。当弹丸着靶速度较大时，剪切抗力引起的压应力增量不可忽略，作用在弹靶上的等效压应力为$p_1 + p_2$。此时，惯性压缩阶段总消耗能量为

$$W_3 = \frac{1}{2}m_p m_t \frac{(p_1 + p_2)^2(\rho_p c_p + \rho_t c_t)^2}{(\rho_p c_p \rho_t c_t)^2}/(m_p + m_t) \quad (2.22)$$

绝热剪切阶段，侵入靶板深度为h_3，靶板剪切变形消耗的能量为

$$W_4 = \int_0^{h_3} \tau \cdot 2\pi R \cdot x \, dx = \int_0^{h_3} \tau \cdot 2\pi R \cdot x \, dx = \tau \pi R h_3^2 \quad (2.23)$$

由球形弹丸侵彻靶板的三阶段计算模型，可得

$$W_1 = \frac{1}{2}(m_p + m_t)v_3^2 = \frac{1}{2}m_p v_1^2 - (W_2 + W_3 + W_4) \quad (2.24)$$

式中，v_3为球形弹丸和冲塞同时脱离靶板时的速度。

当$W_1 = 0$时，即弹丸初始速度恰好可穿透靶板，弹道极限速度为v_{50}，则

$$\frac{1}{2}m_p v_{50}^2 = W_2 + W_3 + W_4$$

$$= 2\pi R^2 \sigma_p h_1 + \tau \pi R h_3^2 + \frac{1}{2}m_p m_t \frac{(p_1 + p_2)^2(\rho_p c_p + \rho_t c_t)^2}{(\rho_p c_p \rho_t c_t)^2}/(m_p + m_t) \quad (2.25)$$

$$m_p v_{50}^2 = 4\pi R^2 \sigma_p h_1 + 2\tau \pi R h_3^2 + \frac{m_p m_t}{m_p + m_t} \frac{p_2^2(\rho_p c_p + \rho_t c_t)^2}{(\rho_p c_p \rho_t c_t)^2} +$$

$$\frac{m_t(m_p v_{50}^2 - 4\pi R^2 \sigma_p h_1)}{m_p + m_t} + \frac{2m_p m_t p_2}{m_p + m_t}\frac{\rho_p c_p + \rho_t c_t}{\rho_p c_p \rho_t c_t}\sqrt{\frac{m_p v_{50}^2 - 4\pi R^2 \sigma_p h_1}{m_p}} \quad (2.26)$$

基于量纲分析法，可在一定假设条件下获得球形弹丸弹道极限速度经验公式。假设球形弹丸为刚体，忽略热效应，认为弹丸飞行弹道为直线，着靶角α仅影响速度方向靶厚，则弹丸对靶板侵彻过程主要受表2.3中参量影响。

表 2.3　影响球形弹丸弹道极限速度的主要因素及量纲

变量名称	代号	基本量纲
弹丸直径	d	L
着靶角	α	—
弹丸材料密度	ρ_p	ML^{-3}
弹丸速度	V	LT^{-1}
靶板厚度	h	L
靶材密度	ρ_t	ML^{-3}
靶板强度	σ_t	$ML^{-1}T^{-2}$
弹丸强度	σ_p	$ML^{-1}T^{-2}$

弹丸对靶板碰撞过程的物理方程为

$$\frac{\rho_p^{0.5} \cdot V_f}{\sigma_t^{0.5}} = a \cdot \left(\frac{h}{d}\right)^b \cdot \left(\frac{\rho_t}{\rho_p}\right)^c \tag{2.27}$$

式中，V_f 为弹丸速度，a、b、c 为待定常数。

令

$$\lambda_1 = \frac{\rho_p^{0.5} \cdot V_f}{\sigma_t^{0.5}}$$

$$\lambda_2 = \frac{h}{d}$$

$$\lambda_3 = \frac{\rho_t}{\rho_p}$$

则式（2.27）可表述为

$$\lambda_1 = a \cdot \lambda_2^b \cdot \lambda_3^c \tag{2.28}$$

对式（2.28）取对数得到

$$Y = A + bX_1 + cX_2 \tag{2.29}$$

式中，$Y = \ln\lambda_1$，$A = \ln a$，$X_1 = \ln\lambda_2$，$X_2 = \ln\lambda_3$。

对式（2.29）中随机函数 Y 和随机变量 X_1、X_2 进行线性回归处理，可获得系数 A、b、c。通常，c 值变化不大，可取 0.3，弹道极限速度表述为

$$V_f = a \cdot \left(\frac{h}{d}\right)^b \cdot \frac{\rho_t^{0.3}}{\rho_p^{0.8}} \cdot \sigma_t^{0.5} \tag{2.30}$$

式中，h、ρ_t、σ_t 分别为靶板厚度、材料密度和强度极限；d、ρ_p 分别为球形弹

丸直径和材料密度；a、b 为与靶板和弹丸材料有关的经验常数。

典型弹靶材料的 a、b 值列于表 2.4，可以看出，在给定靶板条件下，钨球的 a、b 值均大于钢球，表明钨球侵彻能力更强、弹道极限速度更低。

表 2.4　不同弹靶材料的 a、b 值

弹丸	靶板	a	b
钨球	装甲板	2.59	10.5
	钢板	5.47	0.84
	铝板	4.24	0.75
	木板	23.75	0.25
钢球	钢板	4.62	0.71
	铝板	3.48	0.67
	木板	16.70	0.23

2.1.3　空穴膨胀理论

空穴膨胀理论是分析侵彻问题的重要理论方法。空穴膨胀理论假设弹体侵入部分在介质中以恒定速度扩展出球形（球形空穴膨胀模型，Spherical Cavity Expansion）或者柱形（柱形空穴膨胀模型，Cylindrical Cavity Expansion）空穴，扩展速度沿介质与弹体接触点法向。按照以上假定，通过求解介质中动力方程和空穴运动方程，可获得侵彻过程中不同物理参量。

基于空穴膨胀理论，空穴区域分为三个部分：锁变弹性区、锁变塑性区、无应力区或自由区，如图 2.7 所示。在锁变弹性区中，应力-应变满足弹性关系，但体积膨胀应变 ϵ 为常量 ϵ_E。在锁变塑性区中，应力-应变满足理想的强化塑性本构关系，但体积膨胀应变 ϵ 为一常量 ϵ_P，且有 $\epsilon_P > \epsilon_E$。按照动力理论，在弹性区，材料密度不变，为 ρ_E；在塑性区中，密度也不变，为 ρ_P，且 $\rho_P > \rho_E$。球形或柱形空腔区域在几何上均呈现球对称或轴对称。

球形空穴膨胀过程中，在锁变弹性区内

$$\epsilon_{1r} + 2\epsilon_{1\theta} = \epsilon_E \tag{2.31}$$

$$\sigma_{1r} = \lambda\epsilon_E + 2G\epsilon_{1r} \tag{2.32}$$

$$\sigma_{1\theta} = \lambda\epsilon_E + 2G\epsilon_{1\theta} \tag{2.33}$$

在锁变塑性区内

$$\epsilon_{2r} + 2\epsilon_{2\theta} = \epsilon_P \tag{2.34}$$

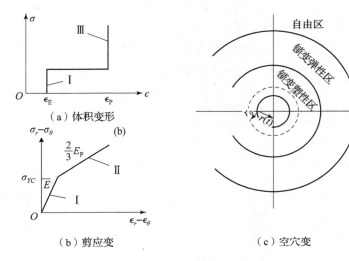

图 2.7 空穴区域划分

$$\sigma_{2\theta} - \sigma_{2r} = \sigma_{YC} + \frac{2}{3}E_P(\epsilon_{2\theta} - \epsilon_{2r}) - \frac{1}{3}E_P\frac{\sigma_{YC}}{G} \qquad (2.35)$$

$$2\sigma_{2\theta} + \sigma_{2r} = (3\lambda + 2G)\epsilon_P \qquad (2.36)$$

式中,λ、G 为拉梅常数;ϵ_E 和 ϵ_P 分别为弹性区和塑性区的体积变形常数;下标 r 代表球面坐标系轴向方向,下标 θ 代表球面坐标系径向方向;E_P 为线性强化塑性域的切变模量。

侵彻过程中,球形弹体所受压力分为静压 p^S 和动压 p^D 两部分,且有

$$p^S = \frac{4}{9}E_P(1 - e^{-A_1}) - \frac{2}{3}\sigma_{YC}\ln(1 - e^{-A_1}) + \frac{2}{27}\pi^2 E_P - \frac{4}{9}E_P A_1 \qquad (2.37)$$

$$p^D = \rho_P(B_1 r\ddot{r} + B_2 \dot{r}^2) \qquad (2.38)$$

式中,r 为欧拉径向坐标;$A_1 = 3\frac{\rho_E}{\rho_P}\left(\frac{\sigma_{SY}}{6G} - \frac{\epsilon_E}{3}\right)$,其中 σ_{SY} 为材料常数。

$$B_1 = 1 - (1 - e^{-A_1})^{1/3} \qquad (2.39)$$

$$B_2 = \frac{3}{2} - \left(2 - \frac{\rho_E}{\rho_P}\right)(1 - e^{-A_1})^{\frac{1}{3}} + \frac{1}{2}(1 - e^{-A_1})^{4/3} \qquad (2.40)$$

球形空穴膨胀的运动和球形弹体向前侵入的运动不同,球面膨胀速度 $\dot{r}$ 和加速度 $\ddot{r}$ 均与球面垂直,且在球面上均匀分布。球面上动力压强为 p^D,如图 2.8(a)所示。动力压强在向前半球面上的合力为

$$f^D = \int_0^{\pi/2} 2\pi r_0 \sin\theta \cdot p^D \cos\theta \cdot r_0 d\theta = \pi r_0^2 p^D \qquad (2.41)$$

对侵入的运动弹体而言，球面上各点运动都不垂直于球面。因此，球面上各点动力压强也不是均布的。研究中假设球面上各点动力压强按 $\cos\theta$ 规律分布，最大值在球面顶点。各点动力压强为 $p_*^D \cos\theta$，其中 p_*^D 为球面顶点动力压强值。将 $r = z$, $\dot{r} = \dot{z}$, $\ddot{r} = \ddot{z}$ 代入式（2.38），得

$$p_*^D = \rho_P (B_1 z\ddot{z} + B_2 \dot{z}^2) \quad (2.42)$$

式中，z 为沿侵入方向延长的直线坐标。

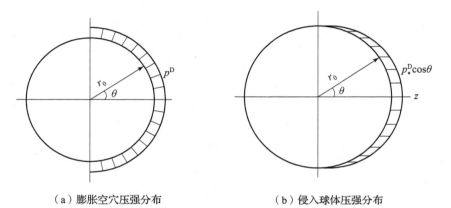

（a）膨胀空穴压强分布　　　　（b）侵入球体压强分布

图 2.8　膨胀空穴和侵入球体压强分布

此时侵入阻力表述为

$$f_*^D = \int_0^{\pi/2} 2\pi r_0 \sin\theta p_*^D \cos\theta \cos\theta r_0 d\theta = \frac{2}{3}\pi r_0^2 p_*^D = \frac{2}{3}\pi r_0^2 \rho_P (B_1 z\ddot{z} + B_2 \dot{z}^2) \quad (2.43)$$

对于静压 p^S 而言，两者相同，合力为

$$f^S = \pi r_0^2 p^S \quad (2.44)$$

此时，球形弹体运动方程可表述为

$$-m\ddot{z} = f^S + f^D = \left[p^S + \frac{2}{3}\rho_P (B_1 z\ddot{z} + B_2 \dot{z}^2)\right]\pi r_0^2 \quad (2.45)$$

式中，m 为弹体质量。为使弹体运动方程更易于积分，将 $z\ddot{z}$ 改写为 $r_0 \ddot{z}$，$\dot{z}^2$ 改写为 $v_0 \dot{z}$，则式（2.45）变成线性微分方程

$$-m\ddot{z} = \left[p^S + \frac{2}{3}\rho_P (B_1 r_0 \ddot{z} + B_2 v_0 \dot{z})\right]\pi r_0^2 \quad (2.46)$$

积分条件为

$$t = 0, \quad z = r_0, \quad \dot{z} = v_0$$

弹体运动的线性微分方程表述为

$$\ddot{z} + \lambda \dot{z} = -Q \qquad (2.47)$$

式中，

$$\lambda = \frac{\frac{2}{3}\rho_P B_2 v_0}{\frac{m}{\pi r_0^2} + \frac{2}{3}\rho_P B_1 r_0}$$

$$Q = \frac{p'}{\frac{m}{\pi r_0^2} + \frac{2}{3}\rho_P B_1 r_0}$$

结合积分条件，弹体运动线性微分方程的解为

$$\dot{z} = \left(v_0 + \frac{Q}{\lambda}\right)e^{-\lambda t} - \frac{Q}{\lambda} \qquad (2.48)$$

$$z = \frac{1}{\lambda}\left(v_0 + \frac{Q}{\lambda}\right)(1 - e^{-\lambda t}) - \frac{Q}{\lambda}t + r_0 \qquad (2.49)$$

求弹丸侵入深度 P 的边界条件为 $\dot{z} = 0$，则

$$\left(v_0 + \frac{Q}{\lambda}\right)e^{-\lambda t_*} - \frac{Q}{\lambda} = 0$$

$$t_* = \frac{1}{\lambda}\ln\left(\frac{v_0 + \frac{Q}{\lambda}}{\frac{Q}{\lambda}}\right)$$

因此，弹丸侵入深度为

$$P = \frac{v_0}{\lambda} - \frac{Q}{\lambda^2}\ln\left(\frac{v_0 + \frac{Q}{\lambda}}{\frac{Q}{\lambda}}\right) + r_0 \qquad (2.50)$$

代入 λ、Q，侵入深度表述为

$$P = r_0 + \frac{3}{2}\left(\frac{\frac{m}{\pi r_0^2} + \frac{2}{3}\rho_P B_1 r_0}{\rho_P B_2}\right) \cdot \left[1 - \frac{3p^s}{2\rho_P v_0^2 B_2}\ln\left(1 + \frac{2}{3}\rho_P B_2 v_0^2 / p^s\right)\right] \qquad (2.51)$$

对式（2.46）精确积分，$\ddot{z}$ 可表述为

$$\ddot{z} = \frac{d^2 z}{dt^2} = \frac{dz}{dt}\frac{d}{dz}\left(\frac{dz}{dt}\right) = \frac{1}{2}\frac{d}{dz}\left(\frac{dz}{dt}\right)^2 = \frac{1}{2}\frac{d\dot{z}^2}{dz} \qquad (2.52)$$

此时，由式（2.52）和式（2.46）可得

$$\frac{d\dot{z}^2}{p' + \frac{2}{3}\rho_P B_2 \dot{z}^2} = -\frac{2 dz}{\frac{m}{\pi r_0^2} + \frac{2}{3}B_1 \rho_P z} \qquad (2.53)$$

满足初始积分条件的解为

$$\left(p' + \frac{2}{3}\rho_P B_2 \dot{z}^2\right)^{\frac{B_1}{2B_2}} \left(\frac{m}{\pi r_0^2} + \frac{2}{3}B_1 \rho_P z\right) = \left(p' + \frac{2}{3}\rho_P B_2 v_0^2\right)^{\frac{B_1}{2B_2}} \left(\frac{m}{\pi r_0^2} + \frac{2}{3}B_1 \rho_P r_0\right) \tag{2.54}$$

侵深边界条件为 $\dot{z} = 0$，$z = P$，代入式（2.54）可得

$$P = \left(r_0 + \frac{3m}{2\pi B_1 \rho_P r_0^2}\right)\left(1 + \frac{2}{3}\rho_P B_2 \frac{v_0^2}{p'}\right)^{B_1/2B_2} - \frac{3m}{2\pi B_1 \rho_P r_0^2} \tag{2.55}$$

在基本空穴膨胀理论的基础上，研究表明，弹体在侵彻过程中的轴向力，一部分来源于径向力 σ_r，另一部分来源于剪应力 σ_s。则弹体运动方程为

$$-m\frac{dv}{dt} = \pi r_0^2 \left(\sigma_r + \frac{\pi}{2}\sigma_s\right) \tag{2.56}$$

式中，系数 $\frac{\pi}{2}$ 来自 σ_s 的有效轴向分量 $\sigma_s \sin\theta$ 在球面上的积分，即

$$f_s = \int_0^{2\pi} 2\pi r_0 \sin\theta \cdot \sigma_s \sin\theta \cdot r d\theta = \frac{1}{2}\pi^2 r_0^2 \sigma_s \tag{2.57}$$

对于不同弹头，σ_r、σ_s 分别为

$$\sigma_r = (1 + \alpha + \sqrt{\psi})\sigma_{r(ce)} \tag{2.58}$$

$$\sigma_s = (1 + \alpha) e^{-\psi} \sigma_{\theta(ce)} \tag{2.59}$$

式中，$\sigma_{r(ce)}$、$\sigma_{\theta(ce)}$ 为空腔膨胀理论（考虑压缩性）的 σ_r 和 σ_θ；α 为弹头形状修正系数；ψ 为彼斯脱数。对于锥形弹体而言

$$\alpha = \left(\frac{L_N^2}{r_0^2} + 1\right)^{1/2} \tag{2.60}$$

对于卵形弹头

$$\alpha = \frac{\frac{2L}{r_0}}{\frac{L_N^2}{r_0^2} + 1} \tag{2.61}$$

式中，L 为弹体总长；L_N 为弹头长；r_0 为弹体半径。彼斯脱数 ψ 为

$$\psi = \frac{\rho v^2}{\sigma_{r(ce)}} \tag{2.62}$$

根据可压缩空穴膨胀理论，$\sigma_{r(ce)}$、$\sigma_{\theta(ce)}$ 为

$$\sigma_{r(ce)} = \frac{3(1 + \sin\xi_F)}{3 - \sin\xi_F}(p + \alpha_{(ch)}\cot\xi_F)I^k - \alpha_{(ch)}\cot\xi_F \tag{2.63}$$

$$\sigma_{\theta(ce)} = \alpha_{(ch)} + \alpha_{(ch)}\tan\xi_F \tag{2.64}$$

$$k = \frac{4\sin\xi_F}{3(1+\sin\xi_F)} \qquad (2.65)$$

式中，$\alpha_{(ch)}$ 为亲和应力；ξ_F 为内摩阻角；I 为刚性标数。

2.2 惰性弹丸侵彻行为

惰性弹丸主要依靠自身动能，通过高速碰撞，实现对目标的机械贯穿毁伤。本节主要介绍惰性弹丸侵彻行为数值方法与材料模型，分析弹靶特性及弹靶作用条件对侵彻行为的影响，获得惰性弹丸侵彻行为及规律。

2.2.1 数值模拟方法

除了通过实验测试和理论分析外，数值仿真也是研究惰性弹丸侵彻行为的重要手段。在算法方面，弹靶侵彻行为多采用 Lagrange、Eular、ALE（Arbitrary Lagrange Euler）等算法描述。Lagrange 算法的优势在于，计算速度快、材料界面清晰，在非线性动力学数值模拟中得到广泛的应用。但在处理材料大变形问题时，会因网格缠结导致计算效率下降甚至致使计算无法执行，这时需要采用侵蚀算法重新划分网格。与 Lagrange 算法相比，Eular 算法网格大小、形状和空间位置不变，网格和网格之间物质可流动，各迭代步间计算精度不变。ALE 算法处理材料大变形问题的能力有所增强，但由于 ALE 算法本质上只是在 Lagrange 算法中引入了自动重分网格技术，故只适用处理单一材料计算域，而在处理材料界面及自由面时仍需采用 Lagrange 技术。实际上，在弹道侵彻行为数值仿真中，一般结合具体问题，选择合适算法，以提升计算效率与精度。

材料模型选择是弹道侵彻行为数值仿真的另一个重要环节，决定着分析结果的精度。弹靶碰撞过程中，材料运动由质量、动量和能量三个守恒方程描述，求解这三个方程除了需要正确的初始和边界条件外，还需由状态方程、强度模型和失效模型来定义各变量（如应力、应变、内能）之间的关系。

1. 状态方程

在弹道侵彻行为仿真分析中，常用状态方程主要有三个，即 Shock 状态方程、Tillotson 状态方程和 Puff 状态方程。三个状态方程都有各自特点及适用范围，在实际应用中应根据具体碰撞条件的不同进行有选择的使用。

Shock 状态方程，即 Mie - Gruneisen 状态方程，是最常用的一种高压固体状态方程。该状态方程是在材料受压密度小于初始密度 50% 的小压缩条件下所建立，一般只适用于描述固相材料的高压状态，或者说只对遭遇速度在 3 km/s 以下的弹、靶碰撞作用过程有良好适用性，基本不适用于有相变（液化）特别是有汽化现象发生的超高速碰撞作用行为的描述。也就是说，在图 2.9 所示 $p-v$ 状态平面内，shock 状态方程一般只适用于对 I 区状态的描述。

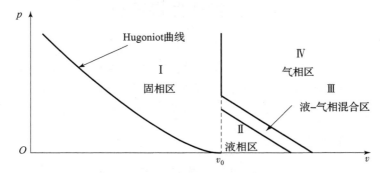

图 2.9　$p-v$ 状态平面分区

在严格热力学定义上，Mie – Gruneisen 状态方程可表述为

$$\left(\frac{\partial p}{\partial e}\right)_v = \frac{\Gamma(v)}{v} \tag{2.66}$$

式中，p、v、e 分别为固体材料的压力、比容及比内能；$\Gamma(v)$ 为 Mie – Gruneisen 系数，通常认为只是比容 v 的函数，而与温度无关，并具有以下性质（Mie – Gruneisen 假设条件），即

$$\frac{\Gamma(v)}{v} = \frac{\Gamma_0(v_0)}{v_0} \tag{2.67}$$

式中，$\Gamma_0(v_0)$、v_0 为常态下 Mie – Gruneisen 系数和比容。

通常，可借助实验测定的固体压缩特性曲线，如冲击压缩 Hugoniot 曲线、等温压缩曲线或等熵压缩曲线等来获得式（2.66）的积分形式 Mie – Gruneisen 状态方程。但考虑到等熵线测量精度较低，等温线测量高压技术实现难度大，一般是借助冲击波测量法先获得固体材料的冲击压缩 Hugoniot 曲线，进而得到积分形式的 Mie – Gruneisen 状态方程。

在 $p-v$ 状态平面内，即状态方程空间曲面上某种曲线在 $p-v$ 平面上的投影，从冲击 Hugoniot 曲线上任选一参考点 $(p_r(v), e_r(v))$，并沿等容线对式（2.66）积分，可得到积分形式 Mie – Gruneisen 状态方程，其可表述为

$$p = p_r(v) + \frac{\Gamma_0(v)}{v_0}[e - e_r(v)] \tag{2.68}$$

式（2.68）即为积分形式 Mie – Gruneisen 状态方程。由于冲击压缩 Hugoniot 曲线上所选参考点的压力 $p_r(v)$ 和比内能 $e_r(v)$ 是已知的，从而建立起压力、比容及内能之间的状态关系。

值得指出，式（2.68）描述的 Mie – Gruneisen 状态方程是在假设 $\Gamma(v)$ 只与比容 v 有关的基础上所建立。事实上，$\Gamma(v)$ 并非完全与温度无关，尤其是在极高的冲击温度下，温度影响的表现将趋于显著，甚至有可能达到不可忽略的水平，从而也在一定程度上决定了 Shock 状态方程的应用局限。

Tillotson 状态方程按材料所受冲击能大小的不同，把 $p - v$ 状态平面划分为 4 个不同的状态区域来考虑，即固相压缩区、液相压缩区、液 – 气相混合区以及气相膨胀区，并用 4 个不同的状态方程描述，如图 2.9 中 Ⅰ、Ⅱ、Ⅲ 和 Ⅳ 区。为便于问题分析，一方面，假设相变在 $v = v_0$ 点发生，特别地，对于气相大比容 Ⅳ 区，还假设可由气相膨胀区状态方程直接外推至理想气体状态；另外，为使描述各区域的状态方程能给出连续的压力值，假设 $e'_s > e_s$，且有

$$e'_s = e_s + ke_v \tag{2.69}$$

式中，e_s 为材料局部汽化的最小汽化能；e'_s 为材料完全汽化的最小汽化能；e_v 为材料在零压下的汽化能；k 为经验常数。

引入量纲为 1 的参数

$$\eta = \frac{\rho}{\rho_0}, \quad \mu = \eta - 1, \quad \omega_0 = 1 + \frac{e}{e_0 \eta^2}$$

式中，e 为材料在液 – 气相混合状态下的比内能，且 $e_s < e < e'_s$；ρ、ρ_0、e_0 均为与材料有关的常数。

在固相状态区，即 Ⅰ 区内（$\mu \geqslant 0$），压力 p_1 由 Mie – Gruneisen 状态方程给出，但考虑到该区内压力变化范围较大，Mie – Gruneisen 系数 $\Gamma(v)$ 不能只看作 v 的函数，而应按 v 和 e 的函数来考虑。这样，在 Ⅰ 区内，压力 p_1 可表述为

$$p_1 = \left(a + \frac{b}{\omega_0}\right)\eta\rho_0 e + A\mu + B\mu^2 \tag{2.70}$$

式中，a、b、A、B 均为待定参数。

在液相状态区，即 Ⅱ 区内（$\mu < 0$，$e \leqslant e_s$），压力 p_2 由与固相状态区相同的公式给出，只是取 $B = 0$，可表述为

$$p_2 = \left(a + \frac{b}{\omega_0}\right)\eta\rho_0 e + A\mu \tag{2.71}$$

在液 – 气相混合状态区，即 Ⅲ 区内（$\mu < 0$，$e_s < e < e'_s$），压力 p_3 可表述为

$$p_3 = p_2 + \frac{(p_4 - p_2)(e - e_s)}{(e'_s - e_s)} \tag{2.72}$$

在气相状态区，即 Ⅳ 区内（$\mu < 0$，$e \geqslant e'_s$），压力 p_4 可表述为

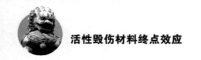

$$p_4 = a\eta\rho_0 e + \left(\frac{b\eta\rho_0 e}{\omega_0} + A\mu e^{\beta x}\right)e^{-\alpha x^2} \quad (2.73)$$

式中，$x = (\eta - 1)/\eta$；α、β 为经验常数。

与 Tillotson 状态方程类似，Puff 状态方程也按碰撞能的大小将 $p-v$ 状态平面划分成不同的相态区域来考虑，如图 2.9 所示，不同的是，Puff 状态方程没有考虑液－气混合区的状态，即如图 2.9 所示 $p-v$ 状态平面中的Ⅲ区。

在Ⅰ区内（$\mu \geqslant 0$），压力 p_1 可表述为

$$p_1 = (A_1\mu + A_2\mu^2 + A_3\mu^3)(1 - \Gamma\mu/2) + \Gamma\rho e \quad (2.74)$$

式中，$\Gamma = \Gamma_0\rho_0/\rho$；$A_1$、$A_2$、$A_3$ 为经验常数。

在Ⅱ区内（$\mu < 0$，$e < e_s$），压力 p_2 可表述为

$$p_2 = (T_1\mu + T_2\mu^2)(1 - \Gamma\mu/2) + \Gamma\rho e \quad (2.75)$$

式中，T_1、T_2 为经验常数，若 $T_1 = 0$，则令 $T_2 = A_1$。

在Ⅳ区内（$\mu < 0$，$e \geqslant e_s$），压力 p_4 可表述为

$$p_4 = \rho[H + (\Gamma_0 - H)\eta^{1/2}]\{e - e_s[1 - \exp(N(\eta - 1)/\eta^2)]\} \quad (2.76)$$

式中，$N = A_1/(\rho_0\Gamma e_s)$；$H$ 为气体膨胀系数，$H = \gamma - 1$，γ 为气体绝热系数。

2. 强度模型

强度模型是描述材料在冲击载荷作用下，屈服应力与应变、应变率、温度等参量之间复杂关系的力学模型。在弹道侵彻数值模拟中，常用材料强度模型有 Johnson – Cook 强度模型、Steinberg – Guinan 强度模型等。

Johnson – Cook 强度模型，是一个能较好地反映材料应变率强化效应与温度软化效应的理想刚塑性强度模型，即该模型主要考虑温度和应变率对材料屈服应力的影响，而略去了外部压力环境的影响。在 Johnson – Cook 模型中，屈服应力 Y 与应变 ε、应变率 $\dot{\varepsilon}$ 和温度 T 之间的关系可表述为

$$Y = (A + B\varepsilon_P^n)(1 + C\ln\dot{\varepsilon}_P)(1 - T_H^m) \quad (2.77)$$

式中，ε_P 为等效塑性应变；参考应变率 $\dot{\varepsilon}_P = 1.0 \text{ s}^{-1}$；$A$ 为准静态下材料屈服强度；B、n 为应变硬化因子；C 为应变率敏感系数；m 为温度软化指数；相对温度 $T_H = (T - T_0)/(T_{melt} - T_0)$，其中，$T_0$ 为环境室温，T_{melt} 为材料熔点。

在式（2.77）中，右边第一个括号项给出了 $\dot{\varepsilon}_P = 1.0 \text{ s}^{-1}$ 和 $T_H = 0$ 下应变函数的应力；第二个和第三个括号项分别表示应变率和温度对材料屈服应力的影响，特别是后者很好地考虑了热软化效应对材料屈服应力的影响。

Steinberg – Guinan 强度模型的主要特点是，忽略了大应变率下（$> 10^5 \text{ s}^{-1}$）对强度影响较小的应变率效应，但考虑了高温、高压环境对屈服应力和剪切模量的影响。材料剪切模量 G 与屈服应力 Y 之间的关系可表述为

$$G = G_0 \left[1 + \left(\frac{G'_p}{G_0} \right) \frac{p}{\eta^{1/3}} + \left(\frac{G'_T}{G_0} \right) (T - 300) \right] \quad (2.78)$$

$$Y = Y_0 \left[1 + \left(\frac{Y'_p}{Y_0} \right) \frac{p}{\eta^{1/3}} + \left(\frac{G'_T}{G_0} \right) (t - 300) (1 + \beta\varepsilon)^n \right] \quad (2.79)$$

其中

$$Y_0 (1 + \beta\varepsilon)^n \leqslant Y_{max}$$

式中，$\eta = v_0/v = \rho_0/\rho$，为材料压缩比；$\beta$、$n$ 为硬化功参数；ε 为有效塑性应变；G'_p、G'_T 分别为材料剪切模量的压力系数和温度系数，即剪切模量 G 对压力和温度的一阶偏导数；G_0、Y_0 分别为材料在常温下的剪切模量和屈服应力；Y_{max} 为材料屈服极限。

3. 失效模型

失效模型为材料在受力作用下发生的失效行为提供了失效准则，按材料性质的不同，失效模型可分为各向同性失效（Isotropic Failure）、各向异性失效（Directional Failure）、累积失效（Cumulative Damage）等几种类型。

对于各向同性材料，如金属、非金属等绝大多数密实材料，由于在各个方向上的力学性能基本相同，不存在明显的方向性，当其某些预先设定的参数达到临界值时即可认为失效，失效行为可以用各向同性失效模型来描述。

对于各向异性材料，如纤维增强复合材料、岩石、钢筋混凝土等，由于在各个方向上的力学性能存在很大的不同，具有很强的方向性，失效行为需要由能准确判定材料沿各个不同方向发生失效的各向异性失效模型来描述，如 Ortho 模型。但由于这类模型往往比较复杂，有时也常采用累积失效模型来近似描述。另外，由于各向异性失效模型无法准确跟踪 Euler 网格单元主方向，故一般只用于 Lagrange、ALE 网格单元的计算分析。

累积失效模型主要用于描述某些宏观上无明显弹性力学行为的材料失效行为，如陶瓷、混凝土等材料在被压碎瞬间的失效行为。另外，对于材料所受拉应力低于其抗拉极限，但因作用时间足够长而导致材料发生碎裂的失效行为，也可用累积失效模型来描述。比较常用的有 HJC、TCK 等。

2.2.2 弹靶特性影响

为获得弹靶特性对惰性弹丸侵彻行为的影响，以铝弹丸侵彻铝靶为例，通过数值仿真，改变弹丸长径比和靶板厚度，获得弹丸侵彻行为影响规律。仿真中，弹、靶均选择 Johnson-Cook 强度模型、Shock 状态方程及各向同性失效模型，并划分 Lagrange 网格。具体计算模型如图 2.10 所示。

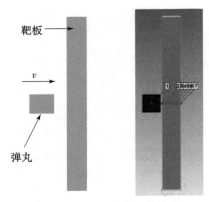

图 2.10 弹靶侵彻计算模型

1. 弹丸长径比影响

为对比弹丸长径比对侵彻行为的影响，仿真中弹丸直径为 10 mm，长度分别选择 5 mm、10 mm、20 mm 和 30 mm，对应长径比 λ 分别为 0.5、1.0、1.5、2.0。靶板厚度为 10 mm，弹丸初始速度设定为弹道极限速度。

不同长径比条件下，弹丸对靶板侵彻行为如图 2.11 所示。从图中可以看出，长径比除了影响弹丸对靶板的侵彻效应外，还显著影响弹丸变形状态。碰撞过程中产生的冲击波不断向弹丸和靶板中传播，导致弹丸、靶板变形及失效。相同碰撞速度条件下，弹丸长径比越小，变形越显著，侵彻能力越弱。随着弹丸长径比增加，除了可观察到剩余弹丸外，靶板变形及破坏也更加显著。

(a) $\lambda=0.5$

图 2.11 弹丸长径比对侵彻行为影响

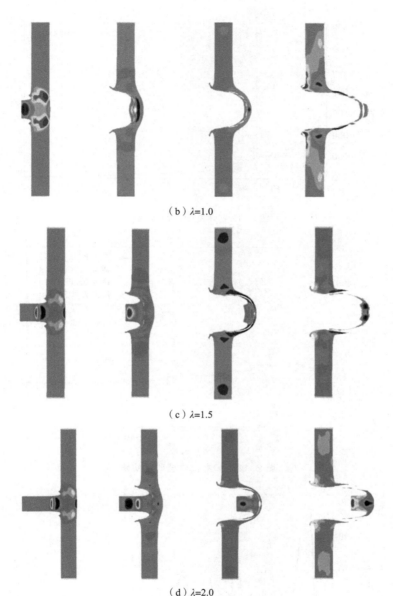

(b) $\lambda=1.0$

(c) $\lambda=1.5$

(d) $\lambda=2.0$

图 2.11 弹丸长径比对侵彻行为影响（续）

侵彻过程中弹丸速度、比内能、压力及靶板内部压力随时间变化如图 2.12～图 2.15 所示。从图中可以看出，弹丸长径比越小，侵彻过程中速度下降越快，比内能越低。由于初始碰撞速度相同，弹丸和靶板内初始压力相同，但随着弹丸长径比增加，压力波动效应减弱，并最终趋于一致。

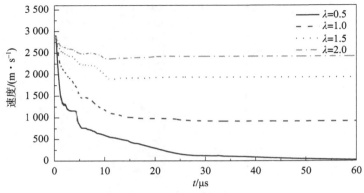

图 2.12 弹丸速度时程曲线

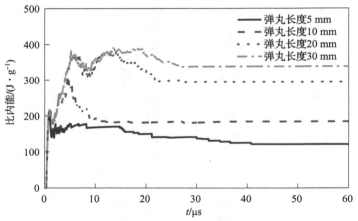

图 2.13 弹丸比内能时程曲线

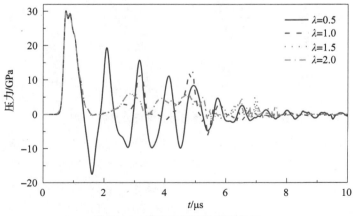

图 2.14 弹丸内部压力时程曲线

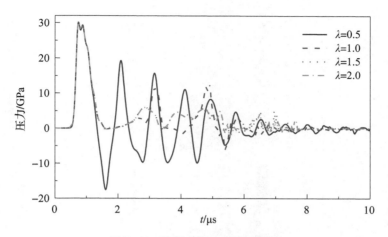

图 2.15　靶板内部压力时程曲线

2. 靶板厚度影响

为对比靶板厚度对侵彻行为的影响，仿真中弹丸直径为 10 mm，长度选择 10 mm，靶板厚度 h 分别为 3 mm、5 mm、8 mm、10 mm 和 15 mm。

不同靶板厚度条件下，弹丸对靶板侵彻行为如图 2.16 所示。可以看出，厚度除影响弹丸对靶板的贯穿过程，还显著影响弹丸变形状态。靶板较薄时，弹丸快速贯穿靶板，且靶板上穿孔边缘规则，弹丸剩余侵彻体明显。随靶板厚度增加，弹丸变形加剧，靶板穿孔逐渐变为延性漏斗几何形状。

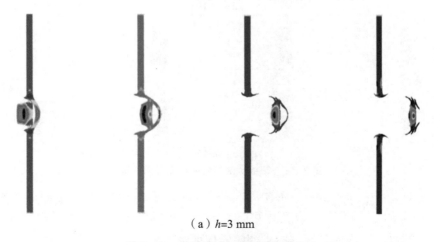

（a）h=3 mm

图 2.16　靶板厚度对侵彻行为影响

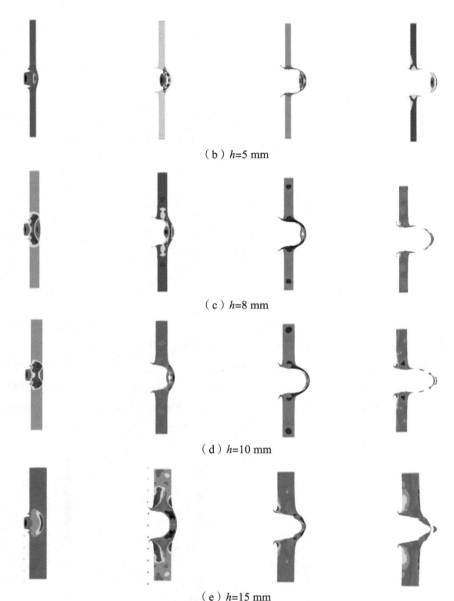

(b) $h=5$ mm

(c) $h=8$ mm

(d) $h=10$ mm

(e) $h=15$ mm

图2.16 靶板厚度对侵彻行为影响（续）

  侵彻过程中弹丸速度、比内能、压力及靶板内部压力随时间的变化如图2.17~图2.20所示。从图中可以看出，靶板厚度越大，侵彻过程中弹丸速度下降越快，比内能越高。由于初始碰撞速度相同，弹丸和靶板内初始压力相同，但随着靶板厚度增加，压力波动效应增强，并最终趋于一致。

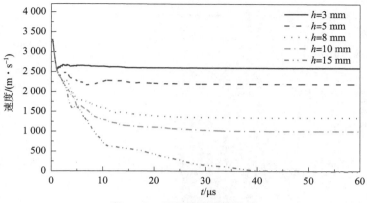

图 2.17 弹丸速度时程曲线

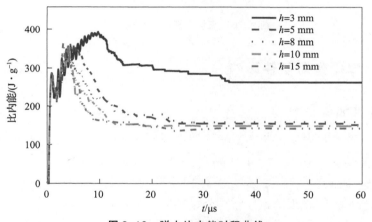

图 2.18 弹丸比内能时程曲线

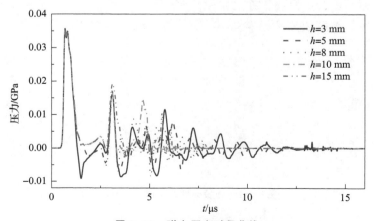

图 2.19 弹丸压力时程曲线

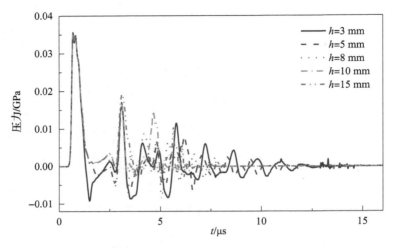

图 2.20　靶板内部压力时程曲线

2.2.3　弹靶作用条件影响

1. 弹丸速度影响

为对比速度对侵彻行为的影响，仿真中弹丸直径为 10 mm，长度为 10 mm，速度 v 分别设定为 100 m/s、150 m/s、200 m/s、250 m/s 和 300 m/s。

不同碰撞速度条件下，弹丸对靶板侵彻行为如图 2.21 所示。可以看出，速度除影响弹丸对靶板的贯穿过程外，还显著影响弹丸变形状态。弹丸速度较低时，侵彻过程中弹、靶均只发生变形，且随速度提高，弹靶变形均显著加剧。随着速度进一步提高，弹丸发生严重变形，侵彻作用下，靶板被贯穿，穿孔边缘发生严重翘曲变形，弹丸因严重侵蚀，剩余侵彻体显著减少。

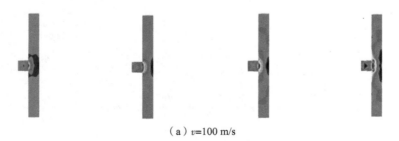

（a）v=100 m/s

图 2.21　碰撞速度对侵彻行为影响

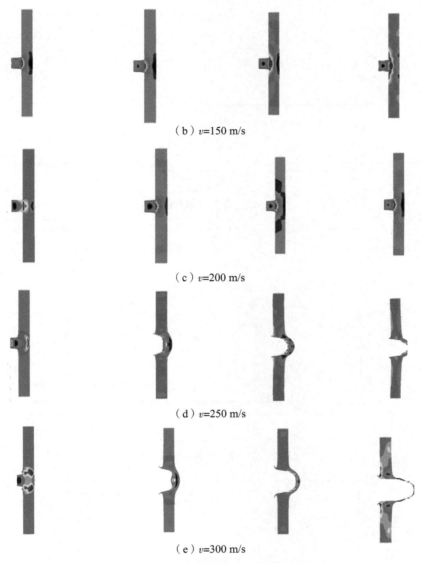

(b) $v=150$ m/s

(c) $v=200$ m/s

(d) $v=250$ m/s

(e) $v=300$ m/s

图 2.21　碰撞速度对侵彻行为影响（续）

侵彻过程中弹丸速度、比内能、压力及靶板内部压力随时间变化如图 2.22～图 2.25 所示。从图中可以看出，弹丸速度越高，侵彻靶板过程持续时间越短，比内能越高，但不同侵彻状态下速度下降速率基本一致，弹丸和靶板中初始压力增加，波动效应增强，但随着侵彻过程结束最终趋于一致。

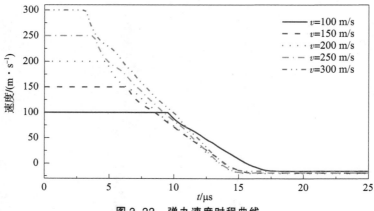

图 2.22 弹丸速度时程曲线

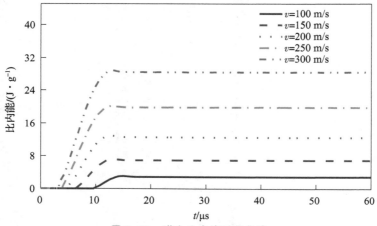

图 2.23 弹丸比内能时程曲线

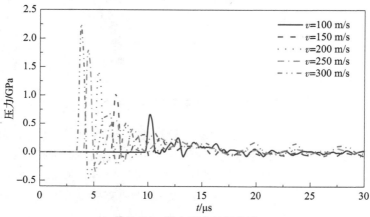

图 2.24 弹丸压力时程曲线

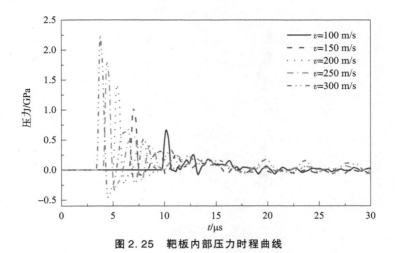

图 2.25 靶板内部压力时程曲线

2. 侵彻角度影响

为对比侵彻角度对侵彻行为的影响，仿真中弹丸直径和长度均为 10 mm，靶板厚度为 10 mm，弹丸入射角度 α 分别选择 0°、20°、40°、60°和 80°。

不同侵彻角度条件下，弹丸对靶板侵彻行为影响如图 2.26 所示。从图中可以看出，侵彻角度除了影响弹丸对靶板的贯穿过程外，还显著影响弹丸变形状态。侵彻角度较小时，弹丸沿碰撞速度方向受压，变形较为规则，且靶板穿孔呈对称冲塞破坏。随着侵彻角度增加，由于弹靶受力的非对称性，二者变形均显著加剧。弹丸在侵彻过程中碎裂，靶板穿孔呈非对称冲塞破坏。

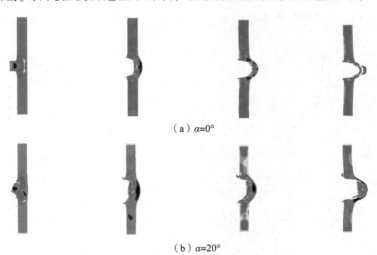

(a) $\alpha=0°$

(b) $\alpha=20°$

图 2.26 角度对侵彻行为影响

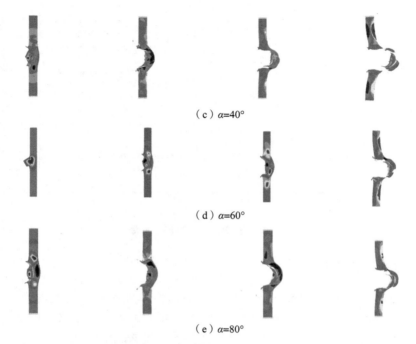

(c) $\alpha=40°$

(d) $\alpha=60°$

(e) $\alpha=80°$

图 2.26　角度对侵彻行为影响（续）

侵彻过程中弹丸速度、比内能、压力及靶板内部压力随时间的变化如图 2.27～图 2.30 所示。可以看出，侵彻角度越大，弹丸轴向速度越小，比内能越小，但速度下降速率和比内能增加速率均减小。初始速度相同，弹、靶内初始压力相同，但随侵彻角度增加，压力波动效应减弱，并最终趋于一致。

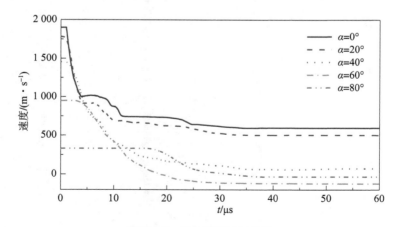

图 2.27　弹丸速度时程曲线

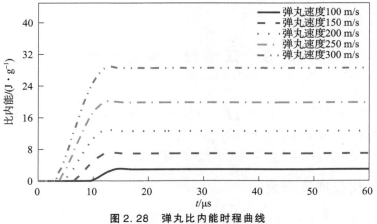

图 2.28 弹丸比内能时程曲线

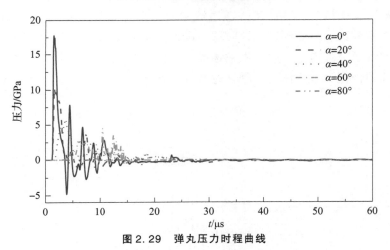

图 2.29 弹丸压力时程曲线

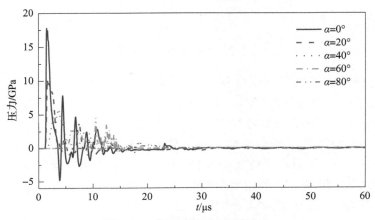

图 2.30 靶板内部压力时程曲线

2.3 活性弹丸侵彻行为

不同于惰性弹丸，活性弹丸在侵彻目标过程中被激活并发生爆燃反应，在动能和爆炸化学能的联合作用下，实现对目标的高效打击和毁伤。本节重点介绍活性弹丸侵彻过程中的穿孔行为、材料爆燃行为及临界贯穿行为。

2.3.1 靶板穿孔行为

为探究活性弹丸对靶板的侵爆联合毁伤效应，及高速碰撞过程中活性毁伤材料的激活反应行为，设计了弹道碰撞实验，其原理如图 2.31 所示。实验系统主要由弹道枪、测速网靶、计时仪、高速摄影、靶板、靶架等组成。活性毁伤材料弹丸通过弹道枪发射，发射速度通过测速网靶测量，碰撞一定距离处固定于靶架的靶板，弹靶作用过程通过高速摄影记录。

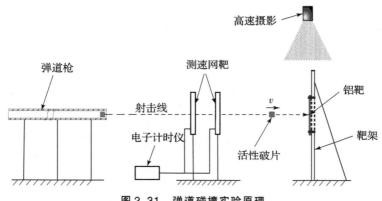

图 2.31 弹道碰撞实验原理

活性弹丸为圆柱形，直径为 10 mm，质量分别为 2.01 g、3.53 g、5.10 g 和 6.12 g，密度为 7.8 g/cm³。靶板尺寸为 240 mm × 240 mm，厚度分别为 3 mm、6 mm、9 mm 和 12 mm，材料为 LY12 硬铝。弹道枪口径为 12.7 mm，枪口与靶板距 8 m，测速网靶与靶板距离 412 mm，典型靶场布置如图 2.32 所示。

实验中，先对弹道极限速度进行初步估算，然后按活性弹丸质量、发射药量与枪口初速经验关系，确定发射药量，并根据所测弹丸速度和穿透靶板与否，按"升降法"调整后续实验发射药量，实验方案列于表 2.5 中。

图 2.32　弹道碰撞实验靶场布置

表 2.5　弹道碰撞实验方案

方案	弹丸质量/g	靶板厚度/mm	方案	弹丸质量/g	靶板厚度/mm
A	2.01	6	E	6.12	3
B	3.53	6	F	6.12	9
C	5.10	6	G	6.12	12
D	6.12	6			

活性弹丸以不同速度碰撞不同厚度 LY12 硬铝靶，穿孔模式受靶板厚度和碰撞速度影响显著，典型铝靶毁伤效应如图 2.33 所示。

 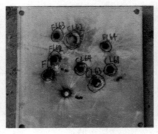 

图 2.33　典型铝靶毁伤效应

根据美国海军弹道极限标准，判别遭碰撞靶板贯穿与否情况，即认为弹丸在侵彻靶板过程中，弹丸尾部穿过靶板视为"贯穿"，若不满足该条件，则视为"未贯穿"。据此可得不同质量的活性弹丸以不同速度碰撞不同厚度 LY12 硬铝靶实验统计结果，列于表 2.6 中。

表 2.6 穿孔行为实验结果

编号	弹丸质量 /g	靶板厚度 /mm	碰撞速度 /(m·s^{-1})	贯穿与否	编号	弹丸质量 /g	靶板厚度 /mm	碰撞速度 /(m·s^{-1})	贯穿与否
A-1	2.01	6	899.5	√	D-5	6.12	6	455.2	√
A-2			890.0	×	D-6			447.5	√
A-3			915.4	√	D-7			435.7	×
A-4			903.6	×	D-8			440.4	×
A-5			910.3	×	E-1	6.12	3	405.8	√
A-6			920.2	√	E-2			370.5	×
A-7			905.5	√	E-3			390.6	×
A-8			895.6	×	E-4			400.2	√
B-1	3.53	6	688.3	√	E-5			388.7	√
B-2			702.6	×	E-6			375.5	×
B-3			712.5	√	E-7			385.2	√
B-4			701.2	√	E-8			378.8	×
B-5			695.6	√	F-1	6.12	9	572.5	×
B-6			689.4	×	F-2			580.8	×
B-7			698.5	√	F-3			600.2	√
B-8			693.2	×	F-4			592.3	√
C-1	5.10	6	570.2	√	F-5			579.6	√
C-2			560.8	√	F-6			570.4	×
C-3			549.3	×	F-7			595.0	√
C-4			561.2	√	F-8			584.2	√
C-5			565.6	√	G-1	6.12	12	715.0	√
C-6			556.4	√	G-2			672.2	×
C-7			542.1	×	G-3			690.8	√
C-8			553.6	×	G-4			680.5	×
D-1	6.12	6	430.5	×	G-5			685.6	×
D-2			445.8	×	G-6			695.3	×
D-3			453.2	×	G-7			704.4	√
D-4			465.4	√	G-8			698.2	√

2.3.2 材料爆燃行为

与传统惰性金属弹丸侵彻过程中的单一动能侵彻机理不同，活性弹丸在侵彻过程中被激活并发生爆燃反应，弹丸以动能侵彻靶板的同时，释放的化学能同时对靶板产生作用，并影响弹道极限速度及靶板毁伤模式。

活性弹丸以接近弹道极限速度分别碰撞 3 mm、6 mm、9 mm 和 12 mm 厚铝靶过程如图 2.34 所示。可以看出，靶板厚度和碰撞速度对活性弹丸爆燃行为影响显著。铝靶厚度为 3 mm 时，爆燃反应最弱，火焰亮度低、靶前扩展区域小、火焰持续时间短，且基本沿平行靶面方向向外扩展，表明活性弹丸化学能释放少，侵孔内爆燃压力低。靶板厚度为 6 mm 时，靶前爆燃反应火焰仍主要平行于靶面向外扩展，但扩展区域较 3 mm 铝靶时更大，表明此时活性弹丸激活率增加，化学反应程度提高。铝靶厚度为 9 mm 时，靶前火焰扩展明显减弱，

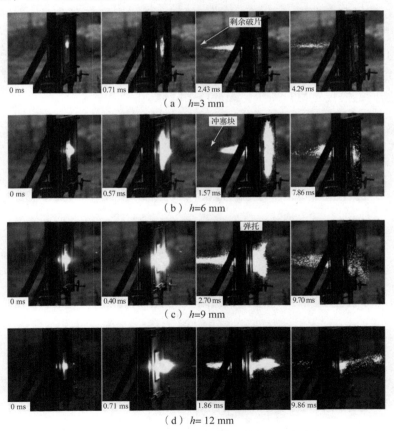

图 2.34　活性弹丸以接近弹道极限速度碰撞铝靶过程

同时垂直于靶面方向火焰喷射现象较为明显，表明此时活性弹丸激活率进一步增大，化学反应剧烈程度提高，从而导致侵孔内爆燃压力的增大。特别地，当铝靶厚度为 12 mm 时，靶前爆燃火焰主要沿靶面法向扩展，形成明显的外喷式火焰，表明在该碰撞条件下，侵彻过程中发生爆燃反应的活性弹丸质量有所增加，释放的化学能相应增加，进一步提高了侵彻通道内的爆燃反应压力，导致火焰喷射效应的增强。进一步分析图 2.34 还可发现，活性弹丸碰撞不同厚度铝靶时，靶后爆燃火焰扩展行为类似，均呈近似长锥形扩展。

活性弹丸以高于弹道极限速度碰撞 3 mm、6 mm 和 12 mm 厚铝靶的典型高速摄影如图 2.35 所示。从图中可以看出，活性弹丸以较高速度碰撞不同厚度的铝靶，其侵彻引发爆燃行为受碰撞速度和靶板厚度影响显著。从靶板前后火焰特征看，随着靶板厚度增大，爆燃火焰逐步由平行靶面扩展向靶面法向扩展转变，这与图 2.34 所示变化规律一致。进一步对比图 2.34 还可以看出，在碰撞相同厚度铝靶条件下，随着碰撞速度提高，爆燃火焰亮度更高、火焰持续时间更长，表明在碰撞条件下，活性弹丸激活率提高，化学能释放增强。此外，在碰撞 12 mm 厚铝靶时，爆燃火焰靶面法向喷射效应不如接近弹道极限速度时显著，表明在碰撞速度提高后，活性弹丸激活率虽提高，但随着侵彻时间缩短，侵彻通道内反应材料减少，爆燃压力降低。

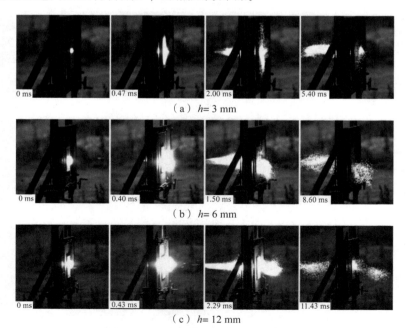

图 2.35 活性弹丸以高于弹道极限速度碰撞铝靶过程

活性弹丸以低于弹道极限速度碰撞 3 mm、6 mm 和 12 mm 厚铝靶的典型高速摄影如图 2.36 所示。从图中可以看出，活性弹丸在未能贯穿铝靶条件下，侵彻引发爆燃反应行为仍然受靶板厚度和碰撞速度显著影响。当弹丸碰撞 3 mm 和 6 mm 铝靶时，爆燃火焰主要沿平行靶面扩展；当弹丸碰撞 12 mm 铝靶时，爆燃火焰主要沿靶面法向喷射，但扩展范围和喷射速度较小。进一步对比图 2.35 和图 2.36 可以看出，在碰撞相同厚度铝靶条件下，以低于弹道极限速度碰撞铝靶时，爆燃火焰亮度最低，扩展范围最小，表明在该碰撞条件下活性弹丸激活率小，反应强度低。但是，需要注意的是，此时爆燃火焰的持续时间并非最短，特别是在碰撞 6 mm 和 12 mm 厚铝靶时，以低于弹道极限速度碰撞铝靶时爆燃火焰持续时间最长，主要原因是此时铝靶未被贯穿，活性弹丸被限制在侵彻通道内反应，反应速率低且散热少，反应持续时间长。

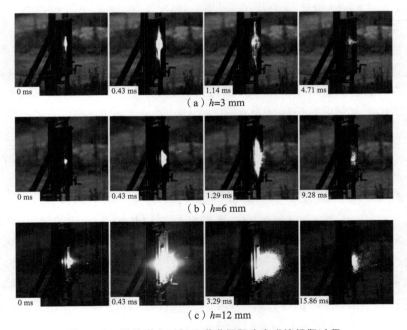

图 2.36 活性弹丸以低于弹道极限速度碰撞铝靶过程

2.3.3 临界贯穿特性

基于表 2.6 所示侵彻实验结果，通过弹道极限理论，得到弹道极限速度统计结果如表 2.7 所示。从表中可以看出，铝靶厚度为 6 mm 时，随弹丸质量从 2.01 g 增加至 6.12 g，弹道极限速度从 904.7 m/s 降低至 450.4 m/s。弹丸质量为 6.12 g 时，随着铝靶厚度从 3 mm 上升至 12 mm，弹道极限速度从 387.2 m/s

逐渐提高至 693.1 m/s。分析表明，活性弹丸正碰撞铝靶弹道极限速度随弹丸质量和靶板厚度的变化规律与钢弹丸侵彻靶板相类似。

表 2.7 弹道极限速度统计结果

方案	弹丸质量/g	靶厚/mm	弹道极限速度/(m·s⁻¹)	弹道极限动能/J
A	2.01	6	904.7	822.6
B	3.53	6	697.5	858.7
C	5.10	6	558.4	795.1
D	6.12	6	450.4	620.8
E	6.12	3	387.2	458.8
F	6.12	9	580.2	1 030.1
G	6.12	12	693.1	1 470.0

为进一步分析活性弹丸侵彻与爆燃性能，利用 THOR 方程对表 2.7 所示实验数据进行拟合，建立活性弹丸正碰撞铝靶弹道极限速度半经验预测关系。特别地，在正侵彻条件下，即弹丸入射方向与目标靶板迎弹面法线之间夹角为 0°时，THOR 方程可简化表述为

$$v_s = k(hA)^{\alpha} m^{\beta} \tag{2.80}$$

式中，v_s 为弹道极限速度；k、α、β 为经验常数；h 为靶板厚度；A 为弹丸截面积；m 为弹丸质量。

对式（2.80）两边同时取自然对数，可得

$$\ln v_s = \ln k + \alpha \cdot \ln(hA) + \beta \ln m \tag{2.81}$$

以 $\ln v_s$、$\ln(hA)$、$\ln m$ 为变量，式（2.81）则变为二元线性方程。在活性弹丸侵彻铝靶实验中，由于弹丸尺寸均相同且均采用弹道枪发射，忽略弹丸飞行过程中着靶姿态变化，假设弹丸平均入射面积近似等于圆柱形弹丸底面积，则基于表 2.7 的弹道极限数据，通过拟合可得式（2.81）中常数 $\ln k$、α、β，拟合方式如图 2.37 所示，所得待定系数为

$$\begin{cases} \ln k = 7.526 \\ \alpha = 0.414\ 3 \\ \beta = -0.554\ 9 \end{cases} \tag{2.82}$$

由式（2.82）可获得常数 k，并将其与常数 α、β 共同代入式（2.81），可得活性弹丸正侵彻铝靶弹道极限速度半经验预测关系为

$$v_s = 1\ 855.7 \cdot (hA)^{0.414\ 3} m^{-0.554\ 9} \tag{2.83}$$

此外，对于实验用圆柱形活性弹丸，假设弹丸长径比为 ζ，同时考虑到弹

丸质量与密度之间的关系可得到

$$\xi = \frac{L_p}{D_p} \quad (2.84)$$

$$\begin{cases} m = \pi \rho_p L_p D_p^2 / 4 \\ A = \pi D_p^2 / 4 \end{cases} \quad (2.85)$$

式中，D_p 为弹丸直径；L_p 为弹丸长度；ρ_p 为弹丸密度。

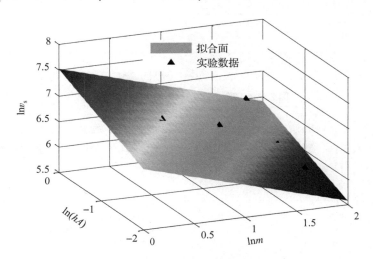

图 2.37 弹道极限速度拟合

根据式（2.80）和式（2.83），基于实验数据可得到靶板厚度对活性弹丸和钢弹丸弹道极限速度的影响，如图 2.38 所示。从图中可以看出，随着靶板厚度增大，弹道极限速度呈逐渐增大趋势；在碰撞相同厚度铝靶条件下，活性弹丸弹道极限速度显著高于钢弹丸，钢弹丸侵彻性能较活性弹丸要强得多。在中等厚度靶板条件下，两种弹丸弹道极限速度差值最大，随着铝靶厚度逐渐减小或增大，二者弹道极限速度差值呈逐渐减小趋势。当铝靶厚度减小或增大至某一临界值时，活性弹丸侵彻能力与钢弹丸趋于相当，随着靶板厚度趋于零或无限制增大，活性弹丸侵彻能力很可能超过相同密度和尺寸的钢弹丸。

而且，基于表 2.7 所示实验数据，根据式（2.80）和式（2.83），同样得到弹丸质量对活性弹丸和钢弹丸正碰撞 6 mm 铝靶弹道极限速度的影响，如图 2.39 所示。可以看出，随弹丸质量增加，弹道极限速度呈逐渐降低趋势；碰撞 6 mm 铝靶时，活性弹丸弹道极限速度显著高于相同质量钢弹丸，说明活性弹丸侵彻能力较相同质量钢弹丸弱。但是，从图 2.39 中还可以看出，随着弹丸质量的降低，活性弹丸与钢弹丸的弹道极限速度差值呈逐渐减小趋势，活

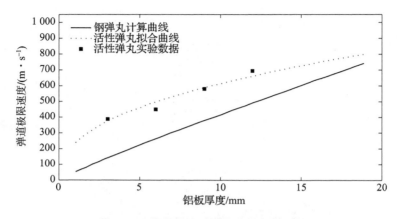

图 2.38　靶板厚度对弹道极限速度影响

性弹丸相对钢弹丸的侵彻能力随质量降低呈逐渐增强趋势。这表明，碰撞相同厚度铝靶条件下，随着弹丸质量的降低，活性弹丸弹道极限速度很可能等于或低于钢弹丸，即侵彻能力甚至可能超过钢弹丸。

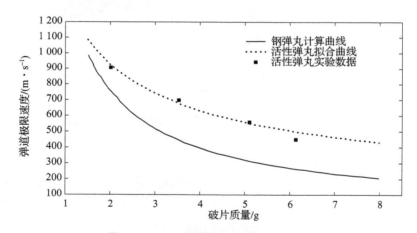

图 2.39　弹丸质量对弹道极限速度影响

另外，根据式（2.80）和式（2.83）～式（2.85），可得到给定弹丸质量和靶板厚度条件下，长径比对活性弹丸和钢弹丸弹道极限速度的影响，如图 2.40 所示。从图中可以看出，在给定弹丸质量条件下，随着弹丸长径比的增大，弹道极限速度呈逐渐减小趋势；在弹丸长径比相同条件下，活性弹丸弹道极限速度显著高于钢弹丸，这表明活性弹丸侵彻能力较钢弹丸要弱得多。然而，随着弹丸长径比逐渐降低并趋于零，钢弹丸与活性弹丸弹道极限速度之间的差值呈逐渐减小趋势，且当长径比小于某一临界值时，活性弹丸弹道极限速度较钢弹丸更低。这表明,活性弹丸相对于钢弹丸的侵彻能力随着长径比的降低呈逐渐增强趋势,且当长径比小于某一临界值时,活性弹丸侵彻能力与钢弹丸趋于相当,甚至超过相同质量钢弹丸。

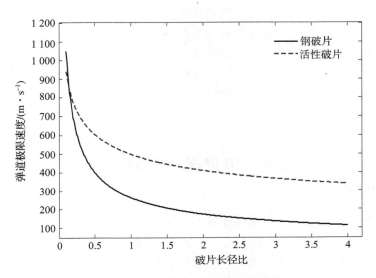

图 2.40 弹丸长径比对弹道极限速度影响

活性毁伤材料弹丸侵彻性能的独特性可从以下方面进行分析。首先,给定弹丸形状和尺寸时,侵彻能力取决于材料强度和密度。活性弹丸密度与钢弹丸相同,但活性材料力学强度较钢要弱得多,从而导致活性弹丸在碰撞和侵彻靶板过程中的墩粗效应较钢弹丸更为显著。在给定靶板类型和厚度条件下,活性弹丸需要更高碰撞速度以克服侵彻过程中的更大阻力,从而致使活性弹丸弹道极限速度显著高于钢弹丸。但当侵彻铝靶较薄条件下,靶板背面反射稀疏波追赶卸载效应提前,初始冲击波在弹丸内扫掠长度减小,活性弹丸塑性变形和墩粗效应减弱,此时钢弹丸相对于活性弹丸的强度优势减弱,因此,随靶板厚度减小并趋于零,钢弹丸与活性弹丸弹道极限速度差值呈逐渐减小趋势。

其次,随铝靶厚度增加或弹丸质量降低,弹丸需要更高速度以贯穿铝靶,致使碰撞压力和弹道极限速度提高,在侵彻过程中钢弹丸墩粗效应和变形程度逐渐增加,其相对于活性弹丸的强度优势逐步丧失。当铝靶厚度增大至某一临界值或弹丸质量降低至某一临界值时,碰撞压力超过钢弹丸强度极限,钢弹丸和活性弹丸在侵彻过程中均发生明显的变形和碎裂,弹丸侵彻能力决定于材料密度和碰撞速度,从而导致两种弹丸弹道极限速度趋于相当。

另外,在给定铝靶厚度和弹丸质量条件下,随着弹丸长径比逐渐降低,碰撞和侵彻过程中弹丸入射面积增大，弹丸需要更高碰撞速度以克服更大穿孔阻力。与此同时，弹丸侵彻过程中塑性变形和碎裂程度也随着碰撞速度的提高而呈逐渐增大趋势。当弹丸长径比低于某一临界值时，碰撞压力将高于钢弹丸强度，侵彻过程中钢弹丸也会发生严重塑性变形和碎裂，其相对于活性弹丸，强度优势丧失，从而导致两种弹丸弹道极限速度趋于相当。然而，除了动能碰撞作用外，活性弹丸在侵彻过程中发生化学反应，并在侵彻通道内产生一定的爆燃压力。在一定的碰撞条件下，该爆燃压力很可能导致活性弹丸侵彻性能增强，甚至高于相同密度和尺寸的钢弹丸。

2.4 弹道侵彻增强行为

弹道侵彻增强主要体现在活性毁伤材料弹丸可通过动能与爆炸化学能的时序联合作用，对靶板造成机械贯穿与结构爆裂耦合毁伤。弹道侵彻增强行为主要研究薄靶爆裂增强模型、厚靶冲塞增强模型及弹道侵彻增强机理。

2.4.1 弹道侵彻增强机理

实验表明，活性弹丸侵彻下，铝靶破坏主要分为三种模式，即花瓣形破坏、冲塞式破坏和盲孔破坏。3 mm 厚薄铝靶形成的典型花瓣形破坏如图 2.41 所示。从图中可以看出，侵孔正面均存在不同程度喷射状熏黑痕迹，侵孔背面存在不同程度隆起，且隆起区域、高度以及出孔边缘裂纹与碰撞速度密切相关。从穿孔模式形成机理看，3 mm 厚铝靶在冲击载荷作用下，以撞击点为圆心向下凹陷造成铝靶塑性变形，局部区域出现微小断裂而形成裂纹，与此同时，碰撞过程已激活的部分活性材料发生爆炸化学反应，在动能冲击和化学能联合作用下，铝靶在撞击点附近发生断裂并使裂纹扩展，从而形成向背面翻起的花瓣形状破孔毁伤模式。此外，受碰撞速度、着靶姿态等因素影响，花瓣形状、隆起高度和裂纹条数等均有所差异。

结合侵彻过程高速摄影和活性弹丸撞击起爆特性，花瓣形破坏模式形成过程可划分为如图 2.42 所示 3 个阶段。第一阶段，活性弹丸以一定速度碰撞靶板，撞击形成的冲击波分别传入靶板和弹丸中，受到冲击压缩的活性材料发生高应变率塑性变形并伴随部分材料的碎裂飞溅，与此同时，在强冲击碰撞作用下，靶板在碰撞点附近发生塑性变形，如图 2.42（b）所示。

第二阶段，侵彻过程中更多活性材料被激活，并发生局部点火反应，在撞

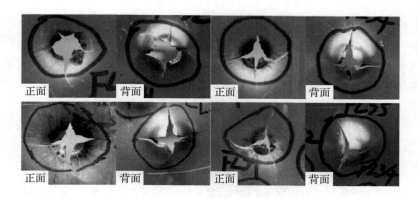

图 2.41 典型花瓣形破坏

击点周围形成小范围喷溅火焰。此时,铝靶变形加剧,局部应力集中区域出现径向裂纹,靶板背面出现显著隆起,如图 2.42(c)所示。

第三阶段,激活部分活性材料整体发生爆燃化学反应并释放化学能,未激活部分活性材料继续侵彻铝靶,在动能和化学能的联合作用下,导致径向裂纹的大范围扩展以及花瓣的翘曲运动,最终形成典型的花瓣形破坏模式,如图 2.41 所示。需要注意的是,在该阶段,当活性弹丸动能不足以贯穿铝靶时,足够的活性材料末端化学能的释放将仍有可能对铝靶产生一定的结构毁伤,包括花瓣隆起和裂纹扩展等,如图 2.42(d)所示。

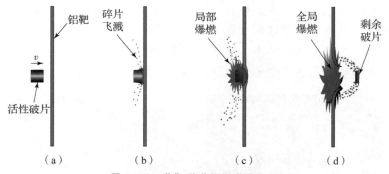

图 2.42 薄靶弹道侵彻增强机理

铝靶在活性弹丸侵爆联合作用下产生的典型冲塞式破坏如图 2.43 所示。可以看出,穿孔正面呈现喷射状烟气熏黑痕迹,穿孔背面周围存在轻微隆起。实验结果表明,活性弹丸以高于弹道极限速度碰撞 6 mm、9 mm 及 12 mm 厚铝靶时,铝靶主要呈现冲塞式穿孔破坏模式。这主要是因为,在该碰撞条件下,铝靶厚度增加使结构抗弯能力显著增强,撞击区域边缘铝靶材料首先发生剪切失稳并形成初始裂纹,在弹丸冲击载荷和爆炸载荷作用下,裂纹沿侵彻方向不断扩展最终贯穿靶板而形成冲塞块,并在弹丸持续侵彻作用的推力作用下,冲塞块最终飞离靶板而形成冲塞式穿孔模式。与此同时,铝靶迎弹面相对平整光滑,仅有少量灼烧痕迹,表明活性材料靶前爆燃反应比较完全;铝靶背面穿孔周围材料略向外凸起,并产生局部小裂纹,原因在于在冲塞块和弹丸飞出侵彻通道时,由于弹靶之间摩擦力作用,造成了出孔附近铝靶材料流动。

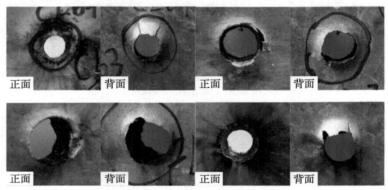

图 2.43　典型冲塞式破坏

活性弹丸以低于弹道极限速度侵彻铝靶时,虽然活性弹丸被激活发生爆燃反应,但由于碰撞动能太低且化学能释放有限,致使弹丸不能有效贯穿靶板,从而形成如图 2.44 所示盲孔破坏模式。可以看出,入孔周围喷射状烟熏痕迹较铝靶贯穿条件下更加显著,主要原因是碰撞过程中被激活部分活性材料在侵彻通道内发生爆炸形成的喷射状烟气全部沿侵孔正面径向飞散。此外,从靶板背面特征看,在活性弹丸冲击作用下,铝靶背面向外凸起形成鼓包,甚至在靶板背面产生裂纹,且长度和形状与靶板厚度相关。

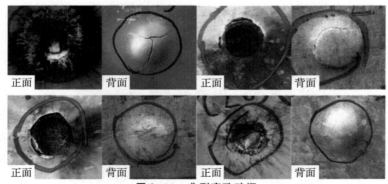

图 2.44　典型盲孔破坏

结合侵彻过程高速摄影及活性材料撞击起爆特性，活性弹丸对靶板造成冲塞破坏过程可划分为 3 个阶段，如图 2.45 所示。

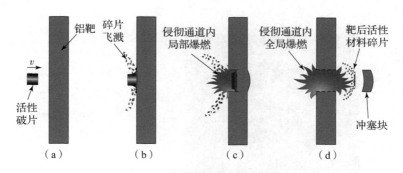

图 2.45 厚靶弹道侵彻增强机理

第一阶段，作用过程与碰撞薄靶类似，活性弹丸内产生冲击波，造成活性材料发生碎裂、飞散，靶板迎弹面发生初始变形，如图 2.45（b）所示。

第二阶段，在冲击载荷作用下，铝靶在碰撞区域周围应力集中位置产生轴向剪切裂纹，裂纹随着弹丸的继续侵彻逐渐扩展；与此同时，更多活性材料在侵彻过程被激活，并发生局部点火反应，形成向外喷溅的火焰，且火焰亮度较碰撞薄板时更加显著，如图 2.45（c）所示。

第三阶段，激活部分活性材料全部发生爆燃反应并释放化学能，未激活部分活性材料继续侵彻铝靶，在动能和化学能的联合作用下，导致轴向裂纹扩展并贯穿铝靶，形成冲塞块并加速运动，最终飞离靶板而形成冲塞式穿孔模式。需要注意的是，在该阶段，当活性弹丸动能耗尽无法贯穿靶板情况下，活性材料在侵彻通道末端因为足够的化学能释放仍有可能导致冲塞式破坏模式的形成，这主要取决于活性材料反应率和剩余靶板厚度，如图 2.45（d）所示。

2.4.2 薄靶爆裂增强模型

薄铝靶在活性弹丸侵彻作用下，形成典型花瓣形破坏，毁伤参数描述如图 2.46 所示。其中，δ 为侵孔隆起高度，D_c 为侵孔直径。活性弹丸碰撞薄铝靶实验中侵孔隆起高度、侵孔直径统计结果列于表 2.8。可以看出，弹丸碰撞速度在 289~569 m/s 范围内时，侵孔直径和隆起高度显著受碰撞速度影响。

进一步分析活性弹丸动能和爆炸化学能联合作用下铝靶变形量与弹靶作用条件的关系，引入靶板隆起高度 δ 与弹靶参数的关系可表述为

$$\delta = C_1 \cdot \frac{\overline{p_1} \cdot \overline{\Delta t_1}}{\rho_t h} + C_2 \cdot \frac{\overline{p_2} \cdot \overline{\Delta t_2}}{\rho_t h} \tag{2.86}$$

式中,$\overline{\Delta t_1}$、$\overline{\Delta t_2}$分别为碰撞载荷有效作用时间和化学反应载荷有效作用时间;$\overline{p_1}$为碰撞载荷平均作用压力;$\overline{p_2}$为爆燃反应平均作用压力;C_1和C_2为与靶板材料有关的常数;ρ_t为靶板密度;h为靶板厚度。

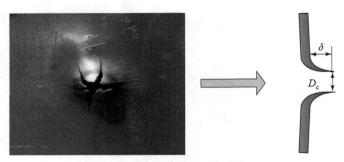

图 2.46　碰撞薄铝靶毁伤参数描述

表 2.8　碰撞 3 mm 靶实验结果

编号	靶板厚度/mm	碰撞速度/(m·s⁻¹)	侵孔直径/mm	隆起高度/mm
1	3	289	—	9.95
2		339	—	16.12
3		381	—	15.59
4		435	10.38	17.81
5		482	11.01	20.87
6		569	12.03	9.61

研究表明,弹靶碰撞过程产生的压力正比于碰撞速度的平方。假设碰撞压力有效作用时间表述为

$$\overline{\Delta t_1} = L_p/v_i \tag{2.87}$$

式中,v_i为侵彻速度;L_p为弹丸长度。考虑到侵彻速度和碰撞速度之间存在线性关系,则平均碰撞压力和压力有效作用时间可表述为

$$\begin{cases} \overline{p_1} = Bv^2 \\ \overline{\Delta t_1} = B' \cdot L_p/v \end{cases} \tag{2.88}$$

式中,v为碰撞速度;B和B'为常数。

将式(2.88)代入式(2.86),得到铝靶隆起高度

$$\delta(v) = C_1' \frac{vL_p}{\rho_t h} + C_2 \frac{f(v)}{\rho_t h} \tag{2.89}$$

$$f(v) = \overline{p_2}(v) \cdot \overline{\Delta t_2}(v) \qquad (2.90)$$

式中，C_1' 为常数，与常数 C_1、B、B' 的关系为

$$C_1' = C_1 \cdot B \cdot B'$$

给定靶板厚度、密度以及活性毁伤材料弹丸长度条件下，通过式（2.89），可获得铝靶相对隆起高度

$$\frac{\delta(v)}{\delta(v_0)} = \frac{C_1' \cdot vL_p + C_2 \cdot f(v)}{C_1' \cdot v_0 L_p + C_2 \cdot f(v_0)} \qquad (2.91)$$

式中，$\delta(v)$ 为碰撞速度 v 时铝靶隆起高度；$\delta(v_0)$ 为碰撞速度 v_0 时铝靶隆起高度；根据式（2.89）~式（2.91），得到 $f(v_0)$ 表达式

$$f(v_0) = \overline{p_2}(v_0) \cdot \overline{\Delta t_2}(v_0)$$

在给定碰撞速度 v_0 和弹丸长度条件下，可认为 $f(v_0)$ 为常数，于是可得

$$\frac{\delta(v)}{\delta(v_0)} = \frac{C_1' \cdot vL_p + C_2 \cdot f(v)}{C_1' \cdot v_0 L_p + C_2 \cdot f(v_0)} = \frac{C_1' \cdot vL_p}{C_1' \cdot v_0 L_p + C_2 \cdot f(v_0)} + \frac{C_2 \cdot f(v)}{C_1' \cdot v_0 L_p + C_2 \cdot f(v_0)} \qquad (2.92)$$

对式（2.92）右边第一项分子和分母同时除以 v_0 可以得到

$$\frac{\delta(v)}{\delta(v_0)} = \frac{C_1' \cdot L_p \cdot v/v_0}{C_1' \cdot L_p + C_2 \cdot f(v_0)/v_0} + \frac{C_2 \cdot f(v)}{C_1' \cdot v_0 L_p + C_2 \cdot f(v_0)} \qquad (2.93)$$

从式（2.93）中可以看出，给定弹丸长度和碰撞速度 v_0 条件下，式中右边两项参数大多为常数，于是，为便于问题分析，令

$$\begin{cases} C_3 = \dfrac{C_1' \cdot L_p}{C_1' \cdot L_p + C_2 \cdot f(v_0)/v_0} \\ C_4 = \dfrac{C_2}{C_1' \cdot v_0 L_p + C_2 \cdot f(v_0)} \end{cases}$$

于是，式（2.93）可简化表述为

$$\frac{\delta(v)}{\delta(v_0)} = C_3 \cdot \frac{v}{v_0} + C_4 \cdot f(v) \qquad (2.94)$$

式中，C_3 和 C_4 为常数，取值由靶板厚度、密度、弹丸长度和碰撞速度决定。

在式（2.94）中，右侧第一项表征碰撞载荷对隆起高度的影响，第二项反映化学反应载荷对隆起高度的影响。由于式中系数及 $f(v)$ 难以通过理论分析得到，假设 $f(v)$ 为 v/v_0 的一次函数，则在碰撞速度为 289~482 m/s 范围内，基于表 2.8 所列实验数据，通过拟合可获得相对隆起高度随碰撞速度的经验关系式，拟合曲线如图 2.47 所示。根据拟合方程，得到经验关系式为

$$\frac{\delta(v)}{\delta(v_0)} = 1.42 \cdot \frac{v}{v_0} - 0.28 \qquad (2.95)$$

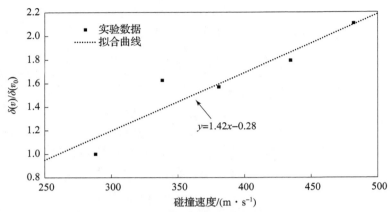

图 2.47 相对隆起高度数据拟合

需要注意的是,式(2.95)中第一项系数 1.42 并非系数 C_3 取值,而是右边两项共同作用之后的一次项系数。忽略活性弹丸侵彻过程中化学反应载荷作用,即忽略式(2.91)中 $f(v)$ 和 $f(v_0)$ 项,可得相对隆起高度为

$$\frac{\delta(v)}{\delta(v_0)} = \frac{v}{v_0} \quad (2.96)$$

通过式(2.95)~式(2.96)和表 2.8 所示实验数据得到活性弹丸作用下铝靶隆起高度和碰撞速度关系如图 2.48 所示,其中 v_0 取值为 289 m/s。可以看出,碰撞速度为 289~482 m/s 时,随碰撞速度 v 增大,相对隆起高度 $\delta(v)/\delta(v_0)$ 呈增大趋势。进一步分析还可看出,相对隆起高度实验值始终大于式(2.96)计算结果,且二者间差值随碰撞速度提高呈增大趋势。但当碰撞速度为 569 m/s 时,相对隆起高度实验值却显著低于式(2.96)计算值。

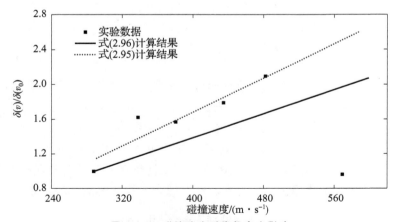

图 2.48 碰撞速度对隆起高度影响

在活性弹丸碰撞作用下，铝靶相对隆起高度随碰撞速度变化所呈现的独特规律，可从以下方面进行分析。首先，从式（2.86）可以看出，隆起高度决定于碰撞载荷和化学能释放载荷的联合作用，而式（2.96）计算结果忽略了化学能释放载荷的作用，因此，二者存在较大差异。其次，随着碰撞速度从 289 m/s 增大至 482 m/s，活性材料激活反应率提高，导致侵彻过程中更多活性材料激活释放化学能，显著增强了化学响应对铝靶的结构毁伤作用，从而导致实验值显著高于式（2.96）计算结果，且二者差值随碰撞速度的提高呈逐渐增大趋势。但是，当碰撞速度增大至 569 m/s 时，由于碰撞压力的急剧增大，导致铝靶在碰撞接触面轴向发生断裂，中断了能量从碰撞点沿靶板周围的传播，阻止了径向裂纹的传播，从而使得实验值明显低于式（2.96）计算结果，铝靶也不再呈现明显的花瓣形破坏。也就是说，在 289～482 m/s 速度范围内，随着碰撞速度增大，活性材料在侵彻过程中的化学响应对毁伤效应的影响显著增强，在一定程度上提高了活性弹丸对铝靶的毁伤能力。

2.4.3　厚靶冲塞增强模型

厚铝靶在活性弹丸侵彻作用下，形成典型冲塞破坏，毁伤参数描述如图 2.49 所示，图中 D_c 为侵孔直径。活性弹丸碰撞 12 mm 厚铝靶实验结果列于表 2.9。从表中可以看出，在活性弹丸侵彻作用下，侵孔直径显著受碰撞速度影响；当碰撞速度低于 700 m/s 时，铝靶未被贯穿，背面形成鼓包。

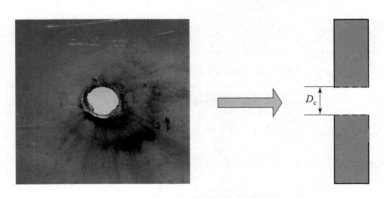

图 2.49　碰撞厚铝靶毁伤参数描述

为进一步分析 12 mm 厚铝靶在活性弹丸碰撞作用下的穿孔尺寸，忽略活性材料化学响应对穿孔尺寸的影响，引入 Tate 侵彻理论估算穿孔直径，弹丸侵彻靶板情况如图 2.50 所示，根据接触面压力守恒关系可得

表 2.9 碰撞 12 mm 厚铝靶结果统计

编号	靶板厚度/mm	碰撞速度/(m·s^{-1})	侵孔直径/mm	隆起高度/mm
1		500	15.39	6.30
2		612	16.04	9.52
3	12	700	14.52	—
4		776	15.08	—
5		850	15.62	—
6		956	16.25	—

$$\frac{1}{2}\rho_p(v-U)^2 + Y_p = \frac{1}{2}\rho_t U^2 + R_t \tag{2.97}$$

式中，ρ_p、ρ_t 分别为弹丸和靶板材料密度；v 为弹丸碰撞速度；U 为弹丸与靶板接触面速度；Y_p 为弹丸平均动态强度；R_t 为靶板平均动态强度。

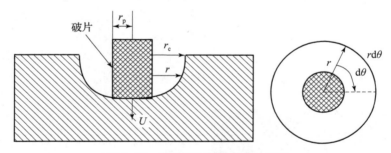

图 2.50 活性弹丸侵彻厚靶示意图

在 $\rho_p \neq \rho_t$ 条件下，利用修正的 Bernouli 方程求解弹靶接触面速度 U，得

$$U^2\left(1-\frac{\rho_t}{\rho_p}\right) - 2Uv + v^2 - \frac{2}{\rho_p}(R_t - Y_p) = 0 \tag{2.98}$$

通过求解式（2.98）可得弹丸接触面速度为

$$U = \frac{v - \mu\sqrt{v^2 + A_1}}{1 - \mu^2} \tag{2.99}$$

其中，μ 和 A 可分别表述为

$$\begin{cases} \mu = \sqrt{\rho_t/\rho_p} \\ A_1 = 2(R_t - Y_p)(1-\mu^2)/\rho_p \end{cases} \tag{2.100}$$

特别地，$\rho_p = \rho_t$ 时，弹靶接触面速度 U 为

$$U = \frac{1}{2}v - \left(\frac{R_t - Y_p}{\rho_p v}\right) \qquad (2.101)$$

研究表明，侵彻过程中，弹丸质量损失率可表述为

$$\dot{m} = \rho_p A_p (v - U) \qquad (2.102)$$

则侵彻过程中弹丸动能损失率 $\dot{E}_k$ 表述为

$$\dot{E}_k = \frac{1}{2}\dot{m}v^2 = \frac{1}{2}\rho_p A_p (v - U) v^2 \qquad (2.103)$$

式中，A_p 为弹丸横截面积。

另外，考虑到侵彻过程中的总功率 $\dot{W}$ 可表述为

$$\dot{W} = \int_{r_p}^{r_c} \int_0^{2\pi} R_t U r \mathrm{d}r \mathrm{d}\theta = R_t U 2\pi \frac{r^2}{2} \bigg|_{r_p}^{r_c} \qquad (2.104)$$

于是，可得到总功率为

$$\dot{W} = (A_c - A_p) R_t U \qquad (2.105)$$

式中，A_c 为侵孔面积。

不考虑活性材料化学能作用影响条件下，忽略侵彻过程中弹丸材料飞溅等损耗，可认为弹丸动能损失率等于弹丸推动靶板材料运动的功率，可得

$$\frac{1}{2}\rho_p A_p (v - U) v^2 = (A_c - A_p) R_t U \qquad (2.106)$$

通过式（2.106）求解得到

$$\frac{A_c}{A_p} = 1 + \frac{1}{2}\rho_p \frac{(v - U)}{R_t} \frac{v^2}{U} \qquad (2.107)$$

近似认为靶板在圆柱形弹丸碰撞作用下产生的侵孔为圆形，于是可得

$$\left(\frac{D_c}{D_p}\right)^2 = 1 + \frac{1}{2}\rho_p \frac{(v - U)}{R_t} \frac{v^2}{U} \qquad (2.108)$$

最后，得到侵孔直径 D_c 与弹丸直径 D_p 之间的关系为

$$D_c = D_p \left[1 + \frac{2\rho_p (v - U)^2}{R_t}\right]^{1/2} \qquad (2.109)$$

利用式（2.99）~式（2.101），得到弹靶接触面速度和碰撞速度关系如图 2.51 所示。可以看出，弹靶接触面速度和碰撞速度之间近似呈线性关系。而且，在相同碰撞速度下，活性毁伤材料弹丸弹靶接触面速度低于钢弹丸接触面速度。这主要是因为活性弹丸平均强度显著低于钢弹丸，侵彻过程中活性弹丸塑性变形和墩粗效应较钢弹丸更为明显，增大了侵彻过程中的阻力。

利用式（2.97）~式（2.109）和表 2.9 所示实验数据得到侵孔直径和碰撞速度的关系如图 2.52 所示。从图中可以看出，碰撞速度相同条件下，活性弹丸碰撞铝靶产生的侵孔尺寸显著高于钢弹丸，说明活性材料扩孔能力强于

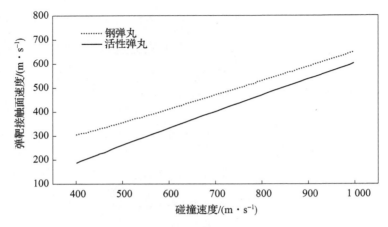

图2.51　弹靶接触面速度和碰撞速度关系

钢,主要原因是活性弹丸强度显著低于钢弹丸,在侵彻铝靶过程中碰撞冲击载荷作用下,活性弹丸塑性变形更大、墩粗效应更加明显,从而导致活性弹丸与靶板接触面积增加,增大了侵孔尺寸。此外,对比图中实验数据还可以看出,当碰撞速度在 500~850 m/s 范围内时,活性弹丸实验值大于计算结果,特别是当碰撞速度为 500 m/s 和 612 m/s 时,侵孔直径实验值显著大于计算结果。

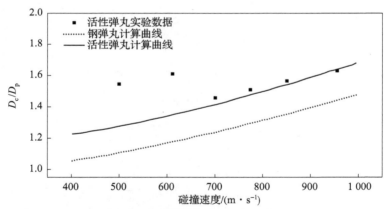

图2.52　碰撞速度对侵孔直径影响

在活性弹丸碰撞作用下,侵孔尺寸随碰撞速度独特的变化规律与侵彻过程中活性材料的化学响应密切相关。当活性弹丸以一定速度碰撞和侵彻目标过程中发生爆燃化学反应时,会释放大量化学能,增大了侵孔内的爆燃压力和温度,在一定程度上会促进侵孔边缘材料的径向流动,从而增大侵孔直径。特别是在活性弹丸碰撞速度低于弹道极限速度时,活性弹丸不能成功贯穿铝靶,被激活活性材料全部在侵孔内发生爆燃反应，对铝靶材料的径向流动作用更加明显，从而导致铝靶侵孔尺寸实验值显著高于计算值，如图 2.52 所示。当碰撞速度高于弹道极限速度时，随着碰撞速度的提高，弹靶接触面速度增大，穿靶时间减少，爆炸化学响应在侵彻通道内作用效果降低，从而使得实验值和计算结果之间的差距逐渐缩小。此外，与钢弹丸相比，由于活性材料侵彻过程中化学响应的增强作用，进一步提高了活性弹丸相对于钢弹丸的扩孔能力。

为进一步分析密度和强度对弹靶接触面速度和侵孔直径的影响，通过式（2.99）~式（2.101）得到弹丸密度和靶板密度对弹靶接触面速度影响如图 2.53 所示。从图 2.53（a）中可以看出，碰撞速度相同时，随着弹丸密度逐步提高，弹靶接触面速度随之提高。从图 2.53（b）可以看出，碰撞速度相同时，弹靶接触面速度随靶板密度增加逐渐降低，表明弹丸密度较高或靶板密度较低，即弹靶密度比较大时，弹靶接触面速度更大，穿靶时间更短。

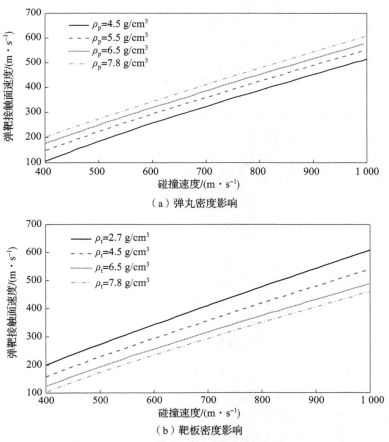

（a）弹丸密度影响

（b）靶板密度影响

图 2.53　密度对弹靶接触面速度影响

弹靶强度对接触面速度影响如图 2.54 所示。可以看出，给定靶板强度和碰撞速度条件下，弹靶接触面速度随弹丸强度增加逐渐增大。然而，在给定弹丸强度和碰撞速度条件下，随着靶板强度增加，弹靶接触面速度呈逐渐降低趋势。从图 2.54 中还可以看出，随着碰撞速度逐渐增大，不同弹丸强度或不同靶板强度对应的弹靶接触面速度之间的差值呈逐渐减小的趋势。这表明，随着碰撞速度的增大，碰撞压力随之增加，弹丸或靶板强度效应逐渐减弱。

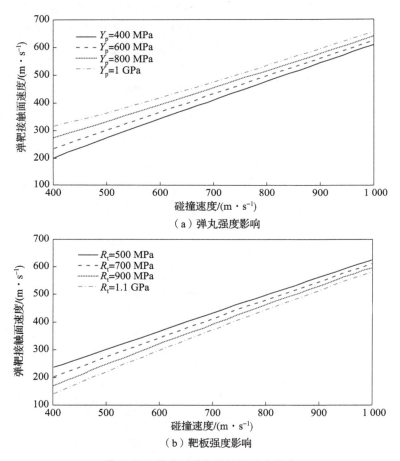

(a) 弹丸强度影响

(b) 靶板强度影响

图 2.54 强度对弹靶接触面速度影响

另外，根据式（2.97）~式（2.109）得到弹丸密度和靶板密度对侵孔直径的影响如图 2.55 所示。从图中可以看出，给定靶板密度时，活性弹丸以低速碰撞铝靶，侵孔直径随弹丸密度增大而减小；而当弹丸高速碰撞铝靶时，侵孔直径随弹丸密度增大而增大，且相同碰撞速度下，不同弹丸密度对应的侵孔直径之间差值也呈增大趋势。从图 2.55（b）中可以看出，给定弹丸密度和碰撞速度时，随着靶板密度的逐步增加，侵孔直径也随之增大。

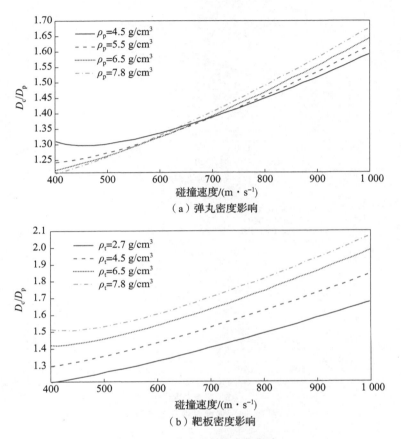

图 2.55　密度对侵孔直径影响

弹丸强度和靶板强度对活性弹丸作用下靶板侵孔直径的影响如图 2.56 所示。从图 2.56（a）中可以看出，给定靶板强度和碰撞速度条件下，随着弹丸强度增大，侵孔直径减小，且随着碰撞速度增大，不同弹丸强度下侵孔直径之间差值也呈逐渐减小趋势。从图 2.56（b）中则可看出，给定弹丸强度和碰撞速度时，随着靶板强度增大，侵孔直径随之减小，且不同靶板强度下侵孔直径之间差值随碰撞速度增大呈逐渐增大趋势。这表明，在碰撞和侵彻过程中，弹丸和靶板之间的相互作用越强，弹丸变形越严重，相应的碰撞所产生的侵孔直径越大。

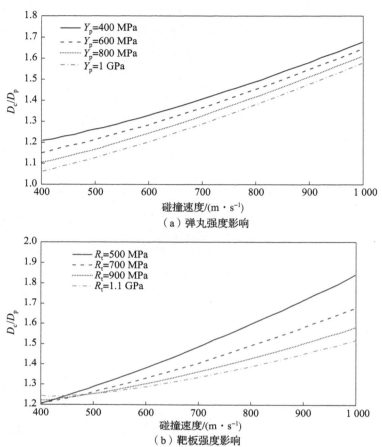

(a)弹丸强度影响

(b)靶板强度影响

图2.56 强度对侵孔直径影响

第3章
结构毁伤增强效应

3.1 惰性弹丸碰撞引发结构毁伤数值模拟

惰性弹丸碰撞双层靶过程属纯动能毁伤目标行为,掌握惰性弹丸碰撞引发结构靶毁伤模式和规律,可为活性弹丸碰撞结构靶毁伤增强效应研究和机理分析提供有益参考。本节主要采用数值模拟方法,分析碰撞速度、靶板厚度、靶板间距等因素对惰性弹丸碰撞引发结构毁伤效应的影响特性。

3.1.1 典型侵彻行为

圆柱形钨合金弹丸高速碰撞双层间隔靶数值模型如图 3.1 所示。弹丸尺寸为 $\phi 11\ \text{mm} \times 11\ \text{mm}$,初速为 1 100 m/s,通过 Language 网格进行离散;双层间

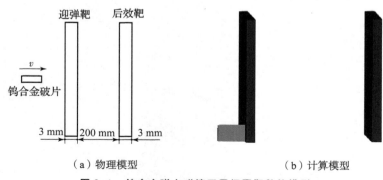

图 3.1 钨合金弹丸碰撞双层间隔靶数值模型

隔靶材料为 LY12 硬铝,厚度均为 3 mm,靶板间距 200 mm,使用 SPH 网格离散。模拟中,弹丸网格尺寸为 0.5 mm × 0.5 mm,靶板 SPH 粒子尺寸为 0.3 mm。钨合金和铝合金材料的状态方程、强度模型和主要参数列于表 3.1。

表 3.1 钨合金和铝合金材料参数

材料	状态方程	强度模型	密度 /(g·cm^{-3})	剪切模量 /GPa	屈服强度 /MPa
LY12 硬铝	Shock	Steinberg Guinan	2.79	27.6	265
钨合金	Shock	Johnson Cook	17.0	160	1 506

钨合金弹丸碰撞双层间隔靶典型作用过程如图 3.2 所示。可以看出,速度为 1 100 m/s 的弹丸可实现对 3 mm/3 mm 间隔铝靶的贯穿,且弹丸仅头部发生一定程度变形和碎裂。$t = 10$ μs 时,弹丸刚穿透迎弹靶,头部出现轻微变形,速度下降至 1 046 m/s,如图 3.2(a)所示。$t = 90$ μs 时,弹丸已完全贯穿迎弹靶,迎弹靶脱落碎片也以一定速度飞向后效靶,如图 3.2(b)所示。$t = 220$ μs 时,弹丸碰撞后效靶,与碰撞迎弹靶不同,后效靶已在碎片碰撞下出现了轻微变形,如图 3.2(c)所示。$t = 240$ μs 时,后效靶在弹丸与碎片云共同作用下被击穿,弹丸剩余速度约为 983 m/s,如图 3.2(d)所示。对比可知,后效靶穿孔面积大于迎弹靶穿孔面积,这主要由弹丸墩粗、碎片云撞击造成。

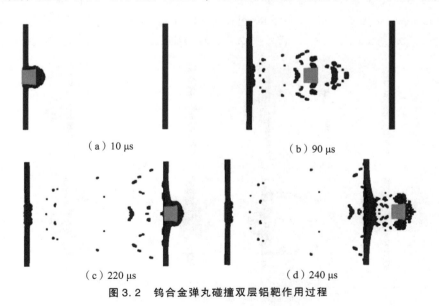

(a) 10 μs   (b) 90 μs

(c) 220 μs   (d) 240 μs

图 3.2 钨合金弹丸碰撞双层铝靶作用过程

双层间隔铝靶典型毁伤如图 3.3 所示。迎弹靶穿孔面积约 129 mm², 且迎弹靶在弹丸高速撞击下未出现明显变形。对应的, 后效靶上穿孔面积约为 163 mm², 且在弹丸与碎片云联合作用下产生明显挠度与崩落碎片。

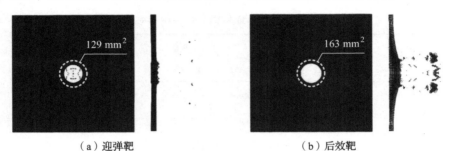

(a) 迎弹靶　　　　　　　　　　(b) 后效靶

图 3.3　双层间隔铝靶典型毁伤

3.1.2　碰撞速度影响特性

碰撞速度对钨合金弹丸侵彻双层间隔铝靶毁伤效应影响如图 3.4 所示。弹丸初始速度分别为 700 m/s、900 m/s、1 100 m/s 和 1 300 m/s, 双层间隔铝靶厚度为 6 mm/3 mm。从图中可以看出, 弹丸速度为 700 m/s 时, 可贯穿双层铝靶, 但靶板破坏产生的碎片较少。随碰撞速度提高, 弹丸侵彻能力增强, 靶板破坏产生碎片增多, 且碎片膨胀速度加快。不同碰撞速度条件下, 双层间隔铝靶毁伤效应如图 3.5～图 3.6 所示, 靶板穿孔面积列于表 3.2。可以看出, 随弹丸速度从 700 m/s 增加至 900 m/s、1 100 m/s 和 1 300 m/s, 迎弹靶穿孔面积分别增加 18.2%、22.0% 和 44.7%, 后效靶穿孔面积分别增加 1.2%、8.6% 和 19.6%。

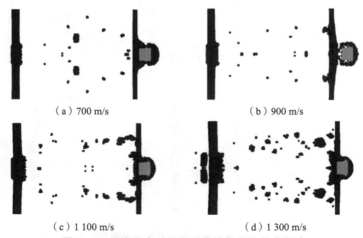

(a) 700 m/s　　　　　　　　　　(b) 900 m/s

(c) 1 100 m/s　　　　　　　　　(d) 1 300 m/s

图 3.4　碰撞速度对双层间隔铝靶毁伤效应影响

第 3 章　结构毁伤增强效应

（a）700 m/s　　　　　　　　　　（b）900 m/s

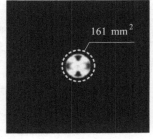 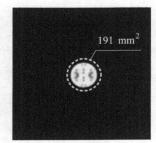

（c）1 100 m/s　　　　　　　　　　（d）1 300 m/s

图 3.5　不同碰撞速度下迎弹靶毁伤效应

 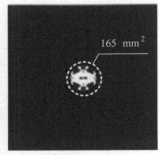

（a）700 m/s　　　　　　　　　　（b）900 m/s

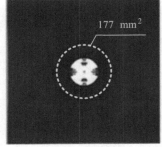 

（c）1 100 m/s　　　　　　　　　　（d）1 300 m/s

图 3.6　不同碰撞速度下后效靶毁伤效应

表 3.2　不同碰撞速度下双层间隔铝靶穿孔面积

碰撞速度/(m·s^{-1})	迎弹靶穿孔面积/mm^2	后效靶穿孔面积/mm^2
700	132	163
900	156	165
1 100	161	177
1 300	191	195

侵彻过程中弹丸速度、比内能、压力及靶板内部压力随时间的变化如图 3.7 ~ 图 3.10 所示。从图中可以看出,弹丸速度越高,侵彻双层间隔铝靶过程持续时间越短,比内能越高,但不同侵彻状态下速度下降速率基本一致,弹丸和靶板中初始压力增加,波动效应增强,但随侵彻过程结束最终趋于一致。

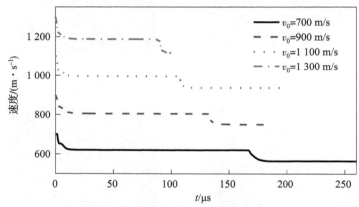

图 3.7　弹丸速度时程曲线

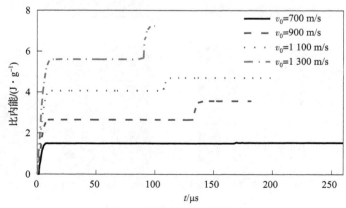

图 3.8　弹丸比内能时程曲线

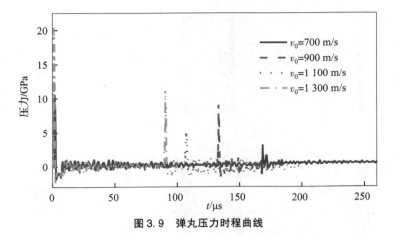

图 3.9 弹丸压力时程曲线

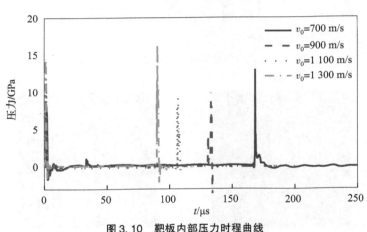

图 3.10 靶板内部压力时程曲线

3.1.3 靶板厚度影响特性

靶板厚度对钨合金弹丸侵彻双层间隔铝靶的影响特性如图 3.11 所示。图中弹丸初始速度为 1 100 m/s，双层间隔铝靶厚度分别为 3 mm/3 mm、6 mm/3 mm、9 mm/3 mm 和 12 mm/3 mm。从图中可以看出，随迎弹靶厚度增加，弹丸变形量逐渐增大，迎弹靶厚度增大到 12 mm 时，仍能穿透两层间隔靶。不同迎弹靶厚度下，弹丸对双层间隔铝靶毁伤效应如图 3.12 ~图 3.13 所示，穿孔面积列于表 3.3。可以看出，随迎弹靶厚度增加，弹丸对其穿孔面积增大。随迎弹靶厚度从 3 mm 增加到 6 mm、9 mm 和 12 mm 时，迎弹靶穿孔面积分别增加 24.8%、43.4% 和 55.8%，后效靶穿孔面积分别增加 8.6%、10.4% 和 14.1%。

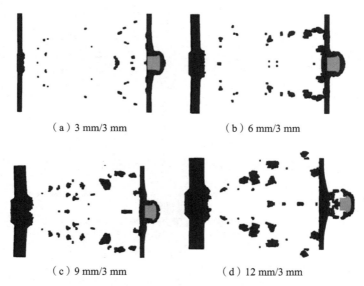

图 3.11　靶板厚度对双层间隔铝靶毁伤效应影响

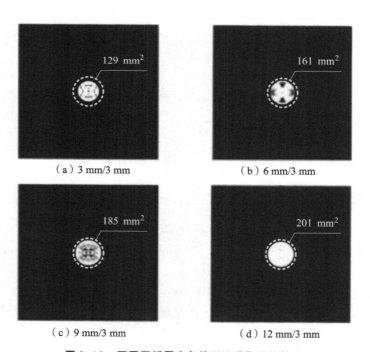

图 3.12　不同靶板厚度条件下迎弹靶毁伤效应

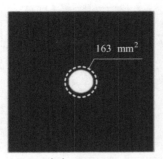

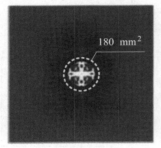
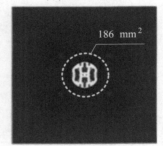

(a) 3 mm/3 mm　　　　　　　(b) 6 mm/3 mm

(c) 9 mm/3 mm　　　　　　　(d) 12 mm/3 mm

图 3.13　不同靶板厚度条件下后效靶毁伤效应

表 3.3　不同靶板厚度下双层间隔铝靶穿孔面积

靶板厚度/mm	迎弹靶穿孔面积/mm²	后效靶穿孔面积/mm²
3	129	163
6	161	177
9	185	180
12	201	186

　　侵彻过程中弹丸速度、比内能、压力及靶板内部压力随时间的变化如图 3.14～图 3.17 所示。从图中可以看出，靶板厚度越大，侵彻过程中弹丸速度下降越快，比内能越高。由于初始碰撞速度相同，弹丸和靶板内初始压力相同，但随着靶板厚度增加，压力波动效应增强，并最终趋于一致。

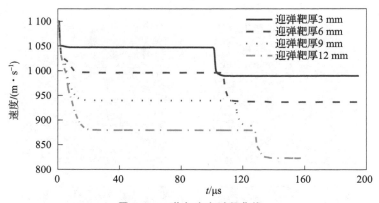

图 3.14　弹丸速度时程曲线

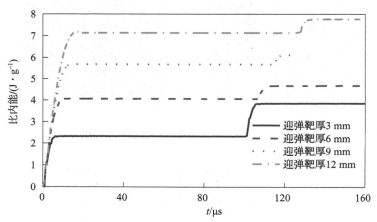

图 3.15　弹丸比内能时程曲线

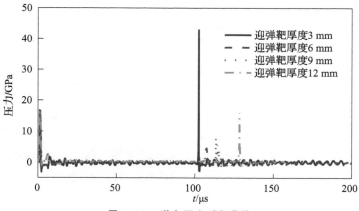

图 3.16　弹丸压力时程曲线

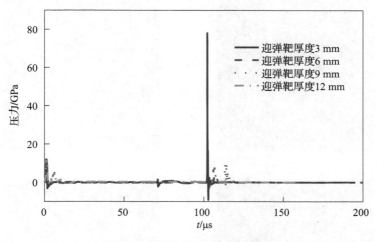

图 3.17 靶板内部压力时程曲线

3.1.4 靶板间距影响特性

靶板间距对钨合金弹丸侵彻双层间隔铝靶毁伤效应影响如图 3.18 所示。弹丸初速为 1 100 m/s，隔靶厚度为 6 mm/3 mm，靶板间距分别为 50 mm、100 mm、150 mm 和 200 mm。可以看出，随靶板间距增加，迎弹靶破坏产生碎片飞散范围增加，作用于后效靶碎片减少，后效靶毁伤效应减弱。不同靶板间距条件下，后效靶毁伤效应如图 3.19 所示，间距从 50 mm 分别增至 100 mm、150 mm 和 200 mm 时，后效靶毁伤面积分别下降 1.1%、14.5% 和 46.9%。

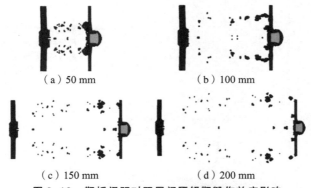

图 3.18 靶板间距对双层间隔铝靶毁伤效应影响

侵彻过程中弹丸速度、比内能、压力及靶板内部压力随时间的变化如图 3.20~图 3.23 所示。可以看出，靶板间距不同，弹丸速度下降与比内能变

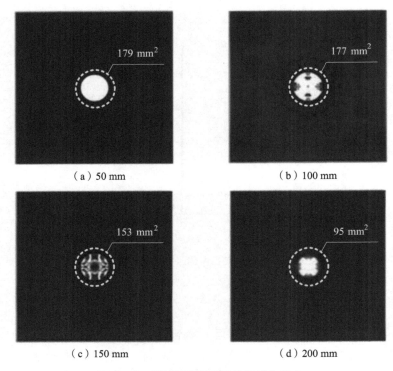

图 3.19 不同靶板间距后效靶毁伤效应

化基本相似。由于初始碰撞速度相同,弹丸和靶板内初始压力相同,但随着靶板间距增加,压力波动呈现等间隔特征,并最终趋于一致。

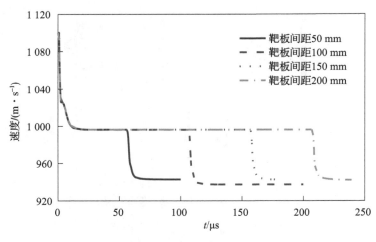

图 3.20 弹丸速度时程曲线

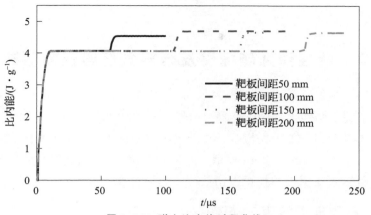

图 3.21 弹丸比内能时程曲线

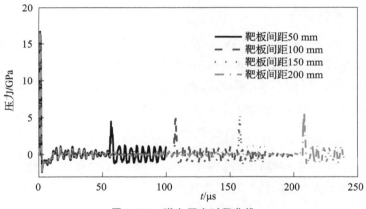

图 3.22 弹丸压力时程曲线

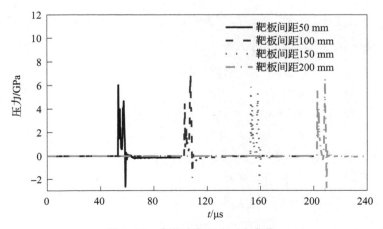

图 3.23 靶板内部压力时程曲线

3.2 活性弹丸碰撞引发结构毁伤增强数值模拟

显著不同于惰性弹丸，活性弹丸可通过动能和爆炸化学能两种毁伤机理的联合作用实现对目标的毁伤增强。本节主要针对活性毁伤材料独特的冲击引发释能行为，引入 Powder-Burn 模型，通过数值模拟分析碰撞速度、靶板厚度、靶板间距等因素对双层结构靶毁伤效应的影响特性。

3.2.1 典型侵彻行为

1. 活性材料模型

未激活活性毁伤材料通过 Shock 状态方程和 Johnson-Cook 强度模型描述；对已激活活性材料，通过 Powder-Burn 模型描述其爆燃反应行为。

Powder-Burn 模型主要由固体状态方程、反应比例方程和气体产物状态方程三部分组成，材料在 t 时刻的反应率 $F(t)$ 可表述为

$$F(t) = \frac{m_s(t_0) - m_s(t)}{m_s(t_0)} \tag{3.1}$$

式中，$m_s(t)$ 为 t 时刻材料质量；$m_s(t_0)$ 为初始 t_0 时刻材料质量。

气体产物状态方程以指数形式表述为

$$p_g = \rho_g e_g \exp\left(\frac{\rho_g}{D}\right) \tag{3.2}$$

式中，p_g 为气体压力；ρ_g 为气体产物密度；e_g 为单位质量内能；D 为常数。

燃烧速率 $\dot{b}$ 与气体压力 p_g 关系可表述为

$$\dot{b}(p_g) = a p_g^n + c \tag{3.3}$$

式中，a、n 和 c 为常数。

基于式 (3.1)~式 (3.3)，反应速率可表述为

$$\dot{F} = G(1 - \alpha F)^c \dot{b}(p_g) \tag{3.4}$$

式中，G 和 c 为常数；α 为反应比例因子。

对球形颗粒，常数 G、c、α 表述为

$$G = \frac{3}{r}, \quad c = \frac{2}{3}, \quad \alpha = 1 \tag{3.5}$$

式中，r 为球体颗粒半径。

对空心柱体颗粒，常数 G、c、α 表述为

$$G = 2\left(\frac{1}{R_2 - R_1} + \frac{1}{L}\right), \quad c = \frac{1}{2}, \quad \alpha = \frac{4(R_2 - R_1)L}{(L + R_2 - R_1)^2} \tag{3.6}$$

式中，R_1、R_2 分别为空心柱体内径与外径；L 为柱体长度。

最后，点火速度可表述为

$$v = C_1 + C_2 \cdot \dot{b}(p_g)(1 + \gamma(\rho_s)) \tag{3.7}$$

式中，ρ_s 为固体材料密度；C_1、C_2 为常数。

2. 侵爆计算模型

活性弹丸碰撞双层间隔靶计算模型如图 3.24 所示，弹丸尺寸为 $\phi 11$ mm × 11 mm，靶板尺寸为 200 mm × 200 mm，间距为 200 mm，靶厚分别为 3 mm/3 mm 和 6 mm/3 mm。计算中建立 1/4 对称模型。碰撞过程中，活性弹丸将由未激活状态转变为激活状态，激活长度可通过理论计算得到。

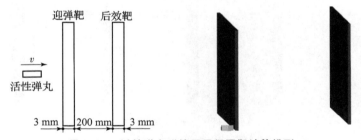

图 3.24　活性弹丸碰撞双层间隔靶计算模型

3. 侵爆计算结果

活性弹丸以不同速度碰撞 3 mm/3 mm 和 6 mm/3 mm 双层间隔铝靶典型作用过程如图 3.25 所示。从图中可以看出，侵彻过程中，活性弹丸首先依靠动能贯穿迎弹靶，由于活性毁伤材料未激活，侵彻过程中弹丸体积未发生显著变化。随着弹丸贯穿迎弹靶，部分活性毁伤材料发生激活反应，与后效靶作用时，激活部分活性材料发生爆燃反应，未激活部分材料继续依靠动能侵彻靶板，在动能和化学能的联合作用下，实现对目标的高效毁伤。

在靶板厚度确定条件下，随着碰撞速度提高，活性毁伤材料激活率提高，作用后效靶过程中爆燃反应增强，对后效靶毁伤效应显著提升。在碰撞速度基本相同条件下，迎弹靶厚度从 3 mm 提高至 6 mm 时，材料反应率提高。但需注意的是，迎弹靶厚度增加导致弹丸碎裂及激活显著提升，作用于后效靶的剩余侵彻体减少，因此对后效靶侵爆联合毁伤效应减弱。

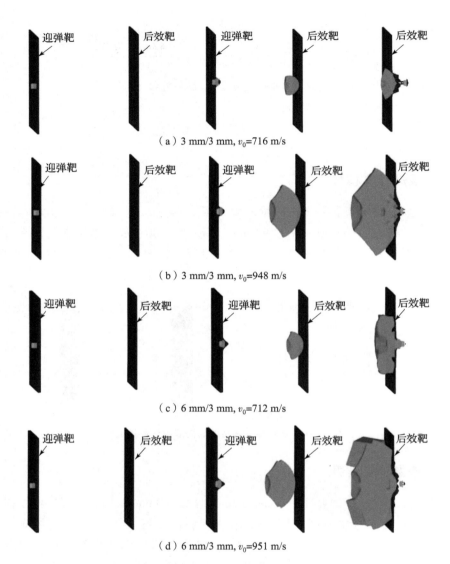

(a) 3 mm/3 mm, v_0=716 m/s

(b) 3 mm/3 mm, v_0=948 m/s

(c) 6 mm/3 mm, v_0=712 m/s

(d) 6 mm/3 mm, v_0=951 m/s

图 3.25　活性弹丸碰撞双层间隔铝靶作用过程

不同碰撞速度及迎弹靶厚度条件下，后效靶毁伤效应如图 3.26 所示。从图 3.26（a）~（d）可以看出，靶板厚度为 3 mm/3 mm 时，随碰撞速度由约 700 m/s 提高到约 950 m/s，后效靶毁伤面积从约 1 320 mm² 提高到约 5 806 mm²。与此同时，从图 3.26（e）~（h）中可以看出，活性弹丸撞击 6 mm/3 mm 双层间隔铝靶时，随碰撞速度由约 700 m/s 提高到约 950 m/s，毁伤面积从约 531 mm² 增长到约 2 733 mm²，表明迎弹靶厚度和碰撞速度均对活性弹丸毁伤效应有显著影响。

第 3 章 结构毁伤增强效应

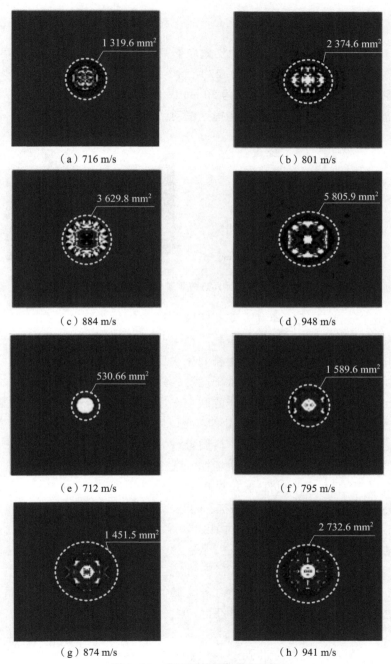

(a) 716 m/s
(b) 801 m/s
(c) 884 m/s
(d) 948 m/s
(e) 712 m/s
(f) 795 m/s
(g) 874 m/s
(h) 941 m/s

图 3.26 典型后效铝靶毁伤结果

3.2.2 碰撞速度影响特性

为分析碰撞速度对后效靶的毁伤效应影响,采用数值方法对活性弹丸侵彻双层间隔靶过程进行模拟,如图 3.27 所示,活性弹丸尺寸为 $\phi 11\ mm \times 11\ mm$,迎弹靶厚度为 6 mm,后效靶厚度为 50 mm,间距为 100 mm,靶板材料为 LY12 硬铝,通过调整弹丸速度以获得碰撞速度对毁伤效应的影响。

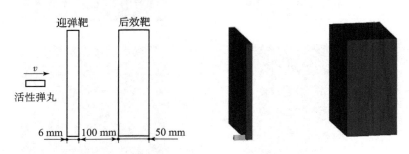

图 3.27　活性弹丸碰撞双层间隔靶计算模型

不同碰撞速度下活性弹丸对双层间隔靶毁伤效应如图 3.28 所示。可以看出,弹丸以一定速度碰撞双层间隔靶,贯穿迎弹靶后,激活部分活性材料不断膨胀,并在碰撞后效靶过程中发生剧烈化学反应;未激活部分活性材料形成剩余侵彻体,继续以一定速度向后效靶运动,并最终碰撞后效靶,在剩余侵彻体动能和已激活活性弹丸爆炸化学能的联合作用下实现对目标的毁伤增强。需要特别注意的是,在给定靶板间距和迎弹靶厚度条件下,由于迎弹靶厚度较小,随碰撞速度提高,激活部分活性材料质量增大、剩余速度提高,反应产物膨胀效应增强,作用于后效靶面积不断增加,毁伤效应不断增强。

不同碰撞速度下,活性弹丸对后效靶毁伤效应如图 3.29 所示,后效靶碰撞区域尺寸、最大侵深等数据列于表 3.4。可以看出,随碰撞速度不断增大,活性弹丸对后效靶的碰撞区域尺寸呈逐渐增大趋势,且后效靶侵彻深度在碰撞速度为 900 m/s 时达到最大。从机理角度看,碰撞速度较低时,活性弹丸剩余动能较低,不利于对后效靶的动能侵彻毁伤;碰撞速度提高时,活性材料激活率提高,剩余侵彻体动能降低,由于激活部分活性材料动能有限,因此不利于侵彻后效靶。特别地,碰撞速度为 1 300 m/s 时,活性弹丸完全被激活,靶后化学反应剧烈,但最大侵彻深度仅为 1.4 mm。这表明,在给定迎弹靶厚度和靶板间距条件下,存在一最佳碰撞速度使活性弹丸对后效靶造成最理想毁伤。

第 3 章 结构毁伤增强效应

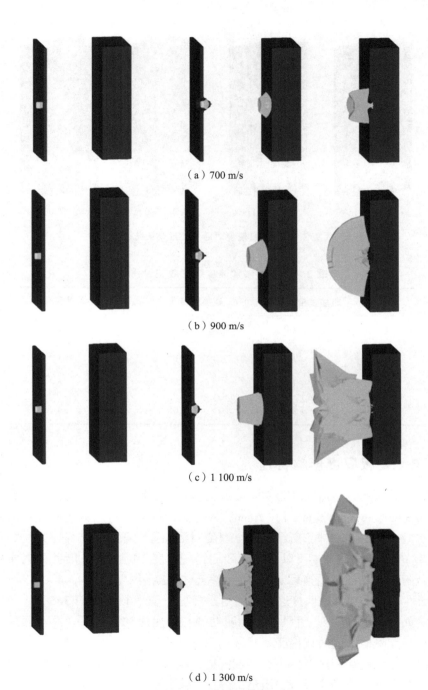

(a) 700 m/s

(b) 900 m/s

(c) 1 100 m/s

(d) 1 300 m/s

图 3.28 碰撞速度对活性弹丸毁伤效应影响

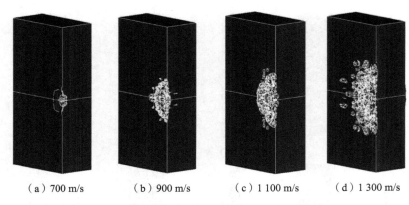

(a) 700 m/s　　(b) 900 m/s　　(c) 1 100 m/s　　(d) 1 300 m/s

图 3.29　碰撞速度对后效靶毁伤效应影响

表 3.4　不同碰撞速度下后效靶毁伤参数

序号	碰撞速度/($m \cdot s^{-1}$)	碰撞区域尺寸/mm	最大侵深/mm
1	700	$\phi 38$	7.8
2	900	$\phi 60$	8.1
3	1 100	$\phi 78$	5.6
4	1 300	$\phi 108$	1.4

3.2.3　靶板厚度影响特性

给定活性弹丸碰撞速度为 900 m/s、靶板间距为 100 mm，选择迎弹靶厚度分别为 3 mm、6 mm、9 mm 和 12 mm，通过数值模拟分析迎弹靶厚度对活性弹丸毁伤效应的影响。计算所得迎弹靶厚度对活性弹丸靶后毁伤作用过程的影响如图 3.30 所示。从图中可以看出，随迎弹靶厚度不断提高，活性弹丸穿靶后膨胀范围随之降低，碰撞后效靶作用面积也相应减小。

活性弹丸贯穿不同厚度迎弹靶后对后效靶毁伤参数列于表 3.5，典型后效靶效应如图 3.31 所示。可以看出，随迎弹靶厚度增加，活性弹丸对后效靶最大侵彻深度降低，同时碰撞区域尺寸也呈逐渐降低趋势。这主要是因为，在给定碰撞速度和靶板间距条件下，随迎弹靶厚度逐步提高，活性弹丸剩余侵彻体减少、剩余侵彻体动能降低，激活部分活性毁伤材料膨胀速度降低，穿靶过程质量损失增加，从而导致后效靶毁伤程度降低。

第 3 章 结构毁伤增强效应

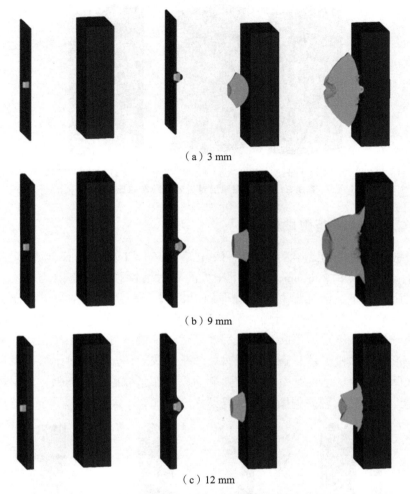

(a) 3 mm

(b) 9 mm

(c) 12 mm

图 3.30 迎弹靶厚度对活性弹丸毁伤效应影响

表 3.5 不同迎弹靶厚度下后效靶毁伤参数

序号	迎弹靶厚/mm	碰撞区域尺寸/mm	最大侵深/mm
1	3	ϕ68	9.4
2	9	ϕ57	6.3
3	12	ϕ51	5.1

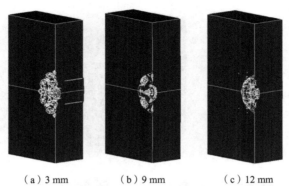

(a) 3 mm　　　　(b) 9 mm　　　　(c) 12 mm

图 3.31　迎弹靶厚度对后效靶毁伤效应影响

3.2.4　靶板间距影响特性

在给定碰撞速度、迎弹靶和后效靶厚度条件下，分别设定靶板间距为 50 mm、150 mm 和 200 mm，以分析靶板间距对活性弹丸毁伤效应影响。不同靶板间距条件下，活性弹丸作用过程如图 3.32 所示。从图中可以看出，靶板间距的影响主要体现在对活性弹丸激活及反应过程的影响。弹丸贯穿迎弹靶后，部分材料被激活，不断反应向后效靶运动并最终与后效靶作用。未激活部分弹丸形成剩余侵彻体，通过动能对后效靶造成毁伤。通过对比可以发现，随着靶板间距增大，活性弹丸碰撞迎弹靶后反应膨胀效应不断增强，作用后效靶面积增大，对后效靶的碰撞区域与侵彻深度增加。

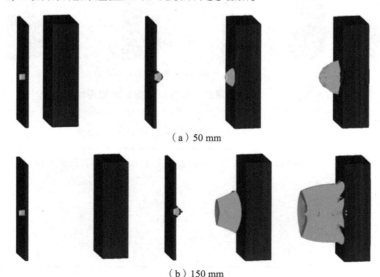

(a) 50 mm

(b) 150 mm

图 3.32　靶板间距对活性弹丸毁伤效应影响

第 3 章 结构毁伤增强效应

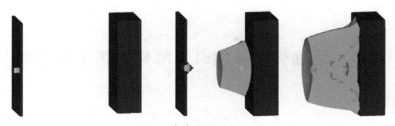

(c) 200 mm

图 3.32 靶板间距对活性弹丸毁伤效应影响 (续)

不同靶板间距下，后效靶毁伤参数列于表 3.6，毁伤效应如图 3.33 所示。从图中可以看出，给定迎弹靶厚度和碰撞速度条件下，随靶板间距逐步增大，活性弹丸对后效靶最大侵彻深度基本保持不变，但后效靶碰撞区域面积呈逐渐增大趋势。从机理角度分析，最大侵彻深度主要取决于剩余未激活活性弹丸动能，碰撞区域尺寸则主要取决于发生反应活性材料膨胀及扩展行为。需要注意的是，靶板间距过大，可能造成碎片密度大幅降低，碎片在撞击后效靶前就可能爆燃完全，导致后效毁伤效应下降，也就是说，在给定碰撞速度和迎弹靶厚度条件下，存在一最佳靶板间距使活性弹丸对后效靶造成最理想毁伤。

表 3.6 不同靶板间距下后效靶毁伤参数

序号	靶板间距/mm	碰撞区域尺寸/mm	最大侵深/mm
1	50	φ45	8.2
2	150	φ84	8.0
3	200	φ130	7.8

(a) 50 mm　　(b) 150 mm　　(c) 200 mm

图 3.33 靶板间距对后效靶毁伤效应影响

3.3 活性弹丸碰撞引发结构毁伤增强实验

活性弹丸通过动能与爆炸化学能双重时序联合毁伤机理，使结构靶目标毁伤模式从纯动能机械贯穿毁伤向先穿后爆结构爆裂毁伤跨越性提升。本节主要介绍活性弹丸碰撞引发结构毁伤实验方法、毁伤模式及毁伤增强效应。

3.3.1 实验方法

活性弹丸对结构靶毁伤效应主要通过弹道碰撞实验研究，原理如图3.34所示。实验系统主要由弹道枪、测速系统、靶架、双层间隔靶、靶架及高速摄影组成，其中测速系统主要由测速网靶和计时仪组成，双层间隔靶由迎弹靶和后效靶组成。弹道枪口径为12.7 mm，与迎弹靶距离8 m，测速网靶与迎弹靶间距450 mm。活性弹丸密度为7.8 g/cm³，尺寸为$\phi 11$ mm×11 mm。迎弹靶与后效靶材料均为LY12铝，间距200 mm，厚度组合分别为6 mm/6 mm、6 mm/3 mm和3 mm/3 mm。典型靶场布置如图3.35所示。

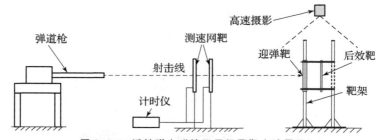

图3.34 活性弹丸碰撞双层间隔靶实验原理

（a）双层间隔靶

（b）靶场布置

图3.35 活性弹丸碰撞双层间隔靶实验布置

实验过程为,活性弹丸通过尼龙弹托安装于专用发射药筒,发射速度范围为 700~1 000 m/s,通过调整药筒中发射药量实现。一定速度发射出的活性弹丸穿过测速网靶后,首先与迎弹靶碰撞,随后贯穿迎弹靶并与后效靶碰撞,弹靶作用过程通过高速摄影系统记录。

3.3.2 毁伤模式

活性弹丸对双层间隔靶典型毁伤效应如图 3.36 所示,从图中可以看出,弹丸贯穿迎弹靶后与后效靶作用,迎弹靶穿孔近似圆形,毁伤面积较小;由于活性毁伤材料爆燃反应,后效靶面可观察到显著黑色反应残留,同时,因弹靶作用条件差异,后效靶破坏模式及毁伤面积截然不同。

图 3.36 双层间隔靶典型毁伤效应

不失一般性,为分析双层间隔靶毁伤效应,可将铝靶毁伤区域近似等效为圆形或矩形,如图 3.37 所示。通过统计实验结果,规则迎弹靶穿孔可近似为圆形,后效靶毁伤区域可近似为矩形。据此所得活性弹丸碰撞不同厚度间隔铝实验迎弹靶及后效靶毁伤效应参数列于表 3.7。

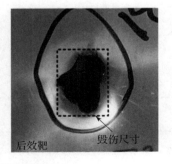

图 3.37 毁伤面积等效方法

从表 3.7 中可以看出，活性弹丸以 716～948 m/s 速度碰撞 3 mm/3 mm 双层间隔铝靶时，迎弹靶穿孔尺寸几乎不随碰撞速度增加而变化，平均约为 1.19 倍弹丸直径；后效靶穿孔尺寸随碰撞速度提高呈增大趋势，最大毁伤面积约为 66.3 倍弹丸截面积。后效靶厚度不变，增大迎弹靶厚度时，活性弹丸以 712～951 m/s 速度碰撞 6 mm/3 mm 双层间隔铝靶，与迎弹靶厚 3 mm 相比，碰撞 6 mm 厚迎弹靶形成的穿孔更大，平均穿孔直径约为 1.28 倍弹丸直径；随碰撞速度增大，后效靶穿孔尺寸增大，最大毁伤面积约为 29.5 倍弹丸截面积。活性弹丸以 715～949 m/s 速度碰撞 6 mm/6 mm 双层间隔铝靶时，迎弹靶平均穿孔直径约为 1.28 倍弹丸直径；碰撞速度低于 882 m/s 时，后效靶未被贯穿，碰撞速度高于 949 m/s 后，后效靶穿孔直径约 13.6 mm。

表 3.7 活性弹丸碰撞双层间隔靶毁伤参数

实验序号	靶板类型	碰撞速度 /(m·s^{-1})	迎弹靶穿孔尺寸 /mm	后效靶穿孔尺寸 /mm
1	3 mm/3 mm	716	φ13.0	46×31
2	3 mm/3 mm	801	φ12.9	50×53
3	3 mm/3 mm	884	φ13.3	69×55
4	3 mm/3 mm	948	φ13.2	90×70
5	6 mm/3 mm	712	φ13.7	22×26
6	6 mm/3 mm	795	φ14.0	48×35
7	6 mm/3 mm	874	φ14.4	51×49
8	6 mm/3 mm	951	φ14.2	72×39
9	6 mm/6 mm	715	φ13.6	凹坑
10	6 mm/6 mm	808	φ13.9	裂纹
11	6 mm/6 mm	882	φ14.6	裂纹
12	6 mm/6 mm	949	φ14.3	φ13.6

从表 3.7 中还可观察到，给定双层间隔铝靶厚度条件下，随碰撞速度增加，后效靶穿孔尺寸逐渐增大，表明活性弹丸对靶后目标的毁伤效应随碰撞速度提高而增强。对比 3 mm/3 mm 和 6 mm/3 mm 结构靶毁伤效应，在弹丸碰撞速度一定条件下，迎弹靶厚度从 3 mm 增加至 6 mm，后效靶穿孔尺寸随之减

小，表明活性弹丸靶后毁伤能力随迎弹靶厚度增加而降低。对比 6 mm/3 mm 和 6 mm/6 mm 双层间隔铝靶毁伤结果，给定迎弹靶厚度和弹丸碰撞速度，后效靶厚度从 3 mm 增至 6 mm 时，毁伤程度显著降低，甚至仅产生裂纹或凹坑。

活性弹丸碰撞不同厚度双层间隔铝靶过程的高速摄影如图 3.38 所示。从图中可以看出，活性弹丸以一定速度碰撞双层间隔铝靶时，被激活并发生化学反应，且剧烈程度显著受靶板厚度影响，主要表现为火光持续时间、扩展形态等的差异。从火光持续时间看，侵彻 6 mm/6 mm 靶时火焰持续时间最长，$t = 90$ ms 时依然可观察到明亮火光；侵彻 3 mm/3 mm 靶时，火焰持续时间最短，$t = 34$ ms 时火光即开始变弱。从 $t = 10$ ms 时刻火焰形态看，活性弹丸侵彻 3 mm/3 mm 靶时火焰沿靶面方向扩展行为最弱、火焰亮度最低；活性弹丸侵彻 6 mm/6 mm 靶时火焰扩展范围最大、亮度最高。实验结果表明，当活性弹丸碰撞速度约为 880 m/s 时，侵彻 6 mm/6 mm 靶条件下活性弹丸化学反应最为剧烈，而侵彻 3 mm/3 mm 靶条件下活性弹丸化学反应相对较弱。

(a) 3 mm/3 mm, v=884 m/s

(b) 6 mm/3 mm, v=874 m/s

(c) 6 mm/6 mm, v=882 m/s

图 3.38 活性弹丸碰撞双层间隔铝靶高速摄影

在机理方面，活性弹丸侵彻双层间隔铝靶体现了动能与化学能的联合毁伤作用。根据弹靶作用力学行为，活性弹丸动能侵彻过程中，激活长度取决于冲击波衰减效应和反射稀疏波卸载效应。活性弹丸以约 880 m/s 速度碰撞 3 mm 或 6 mm 迎弹靶时，活性弹丸并未被完全激活，在碰撞速度基本相同条件下，当迎弹靶厚度从 3 mm 增加至 6 mm 时，靶板背面反射稀疏波追赶卸载效应延迟，致使活性弹丸激活长度增加，提高了活性材料爆燃反应率和反应强度，从而使得碰撞 6 mm/6 mm 靶时火焰持续时间最长、亮度最高。

3.3.3 毁伤增强效应

实验结果表明，双层间隔铝靶在活性弹丸碰撞和侵彻作用下，迎弹靶主要产生冲塞式穿孔破坏，后效靶毁伤效应则显著受碰撞速度、迎弹靶厚度和后效靶厚度等因素影响。从机理角度分析，事实上影响活性弹丸对后效靶毁伤效应的因素主要包括两个方面：一方面，在活性弹丸贯穿迎弹靶后，剩余侵彻体（包括剩余弹丸、碎片云以及冲塞块）总剩余动能将决定后效靶能否被直接贯穿；另一方面，活性弹丸贯穿迎弹靶后形成碎片云的周向扩散范围直接决定了后效靶遭碰撞毁伤的面积，进而决定了后效靶穿孔尺寸。

1. 碰撞速度影响

活性弹丸对 3 mm/3 mm 双层间隔铝靶毁伤效应如图 3.39 所示。从图中可以看出，在不同碰撞速度条件下，后效靶毁伤效应差异显著。从入孔特征看，入孔周围存在不同程度喷射状烟气熏黑痕迹，以及数量不等、大小各异的麻坑。从出孔特征看，靶板背面几乎不存在喷射状烟气熏黑痕迹及麻坑，但孔边铝靶材料出现不同程度卷边和隆起变形。同时还可看出，随碰撞速度增加，靶板正面烟气熏黑痕迹呈逐渐加重趋势，靶板背面卷边和隆起程度也相应增强。

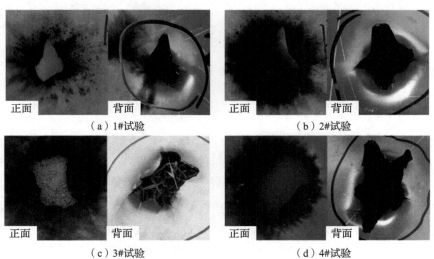

(a) 1#试验　　　　　　　　(b) 2#试验

(c) 3#试验　　　　　　　　(d) 4#试验

图 3.39　3 mm/3 mm 双层间隔铝靶后效靶毁伤效应

2. 迎弹靶厚度影响

活性弹丸碰撞 6 mm/3 mm 双层间隔铝靶后效靶毁伤效应如图 3.40 所示。从图中可以看出,与碰撞 3 mm/3 mm 双层间隔铝靶类似,在活性弹丸作用下,迎弹靶为 6 mm 时后效靶穿孔破坏形状多样、大小各异,入孔特征、出孔特征以及穿孔特征随弹丸碰撞速度增加的变化规律也与碰撞 3 mm/3 mm 双层间隔铝靶类似。对比图 3.40 还可看出,在碰撞速度基本相同条件下,与厚 3 mm 迎弹靶相比,碰撞 6 mm 厚迎弹靶时后效靶入孔处喷射状烟气熏黑痕迹较弱,靶板背面出孔周围铝靶材料卷边和隆起变形程度也小得多。以上现象表明,在迎弹靶厚度增加条件下,活性弹丸对后效靶毁伤效应有所减弱。

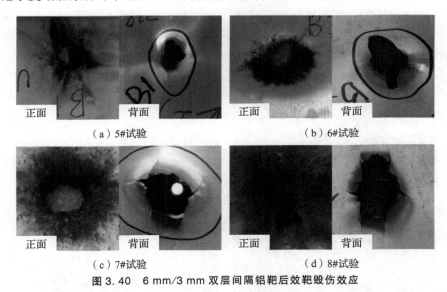

图 3.40 6 mm/3 mm 双层间隔铝靶后效靶毁伤效应

另外,从实验结果可以看出,在碰撞速度基本相同条件下,碰撞 3 mm/3 mm 双层间隔铝靶时后效靶穿孔尺寸显著大于碰撞 6 mm/3 mm 双层间隔铝靶后效靶穿孔尺寸,主要有这几个方面的原因:首先,在给定碰撞速度下,贯穿 3 mm 迎弹靶后剩余侵彻体(包括剩余弹丸和冲塞块)动能较贯穿 6 mm 迎弹靶时要大得多,也就是说,其对后效靶的贯穿能力更强;其次,从靶后碎片云扩展范围看,在碰撞速度基本相同条件下,贯穿 3 mm 靶板后碎片云周向扩展范围更大,在碰撞后效靶过程中的作用面积也更大,从而导致更大的穿孔尺寸;最后,从化学能释放角度考虑,随着活性弹丸碰撞速度逐渐增大,活性材料爆燃反应率逐步提高,碰撞和侵彻过程中产生的爆燃压力随之上升,可显著增强对靶板的爆裂穿孔能力。由此可见,从剩余侵彻体贯穿能力、靶后碎片云碰撞作用面积以及活性材料碰撞后效靶过程中化学反应强度等多个角度可以看出，迎弹靶厚度对活性弹丸碰撞后效靶毁伤效应影响显著。

3. 后效靶厚度影响

活性弹丸碰撞 6 mm/6 mm 双层间隔铝靶时后效靶毁伤效应如图 3.41 所示。可以看出，碰撞速度为 715 m/s 时，6 mm 后效靶并未被贯穿，靶板正面轻微凹陷且背面略微隆起；随碰撞速度逐渐增大，靶板遭碰撞位置出现破裂，且破裂程度随碰撞速度增大呈逐渐加强趋势，当碰撞速度增至 949 m/s 时，靶板被贯穿，穿孔周围伴有 2 条小裂纹。从靶板正面特征看，凹坑或破裂区域周围存在明显喷射状烟气熏黑痕迹；从靶板背面特征看，碰撞区域出现明显隆起、破裂，但其程度较 3 mm 后效靶要弱得多。对比图 3.41 还可以看出，在碰撞速度和迎弹靶厚度一定条件下，当后效靶厚度从 3 mm 提高至 6 mm 时，穿靶所需动能急剧增加，活性弹丸在贯穿 6 mm 迎弹靶后的剩余动能不足以贯穿后效靶，只是凭借剩余侵彻体和碎片云造成靶板变形及一定区域范围内的凹坑。

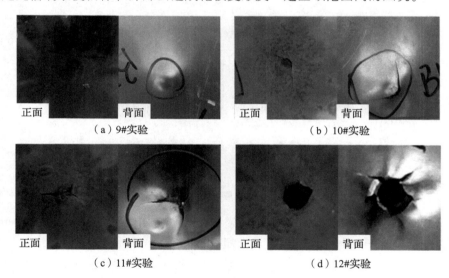

图 3.41　6 mm/6 mm 双层间隔铝靶后效靶毁伤效应

碰撞 6 mm/6 mm 双层间隔铝靶时，后效靶毁伤效果最差，只有速度为 949 m/s 时才产生穿孔破坏，原因是穿靶所需动能随靶板厚度提高而显著增大。在碰撞后效靶过程中，随靶板厚度增加，靶后反射冲击波卸载效应延迟，在剩余活性弹丸长度足够条件下，使得活性材料激活率显著提高，导致侵彻过程中爆燃反应增强，提高了化学能释放和对目标的毁伤作用。

4. 弹丸密度影响

除弹靶作用条件外，活性弹丸材料特性也对结构靶毁伤效应有显著影响。实验中，选择密度分别为 2.27 g/cm³、3.16 g/cm³、5.00 g/cm³ 和 7.80 g/cm³ 活性毁伤材料弹丸，双层间隔铝靶厚度为 3 mm/3 mm，间距为 400 mm。通过调整发射药量，活性弹丸着靶速度控制在 800 m/s 左右。密度为 3.16 g/cm³ 的活性弹丸以 792 m/s 速度碰撞 3 mm/3 mm 铝靶典型作用过程如图 3.42 所示，从图中可以看出，碰撞过程中活性弹丸被激活，部分弹丸碎裂并引发爆燃，随弹丸贯穿迎弹靶，靶后出现明显的火焰扩展。与高密度活性弹丸不同，低密度弹丸在撞击中碎裂程度低，导致大块剩余侵彻体撞击后效靶时发生二次激活。

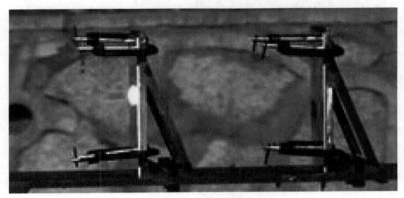

（a）t=0 ms

（b）t=0.083 ms

图 3.42　密度为 3.16 g/cm³ 的活性弹丸碰撞
双层间隔铝靶时的高速摄影

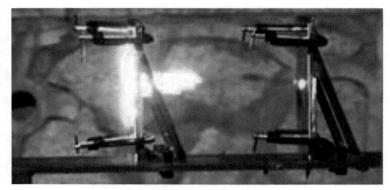

（c）t=0.664 ms

（d）t=0.747 ms

图 3.42　密度为 3.16 g/cm³ 的活性弹丸碰撞
双层间隔铝靶时的高速摄影（续）

不同密度弹丸对间隔靶毁伤效应如图 3.43 所示，从图中可以看出，弹丸密度对结构靶毁伤效应影响显著。密度为 2.27 g/cm³ 的弹丸以 798 m/s 毁伤结构靶时，迎弹靶穿孔孔径约 25.0 mm，后效靶仅发生隆起，出现长约 27 mm 的裂纹；密度为 3.16 g/cm³ 的弹丸以 792 m/s 速度碰撞结构靶时，迎弹靶穿孔孔径约 22.1 mm，后效靶穿孔尺寸约为 18 mm × 31 mm；密度为 5.00 g/cm³ 的弹丸以 790 m/s 速度碰撞结构靶时，迎弹靶穿孔孔径为 15.7 mm，后效靶穿孔尺寸为 22 mm × 30 mm；当弹丸密度增至 7.80 g/cm³ 后，迎弹靶穿孔孔径约 14.3 mm，后效靶穿孔尺寸为 27 mm × 33 mm。

可以发现，随活性弹丸密度增加，弹丸侵彻能力增强，迎弹靶毁伤面积逐渐减小。与之相反，弹丸密度的增加导致后效靶毁伤效应逐渐增强，一是因为高密度弹丸剩余动能高，二是因为高密度弹丸在撞击过程中更易碎裂。

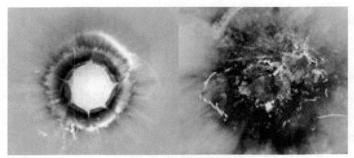

(a) 2.27 g/cm³

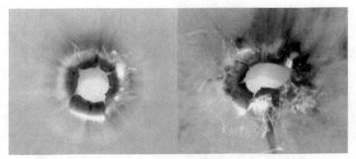

(b) 3.16 g/cm³

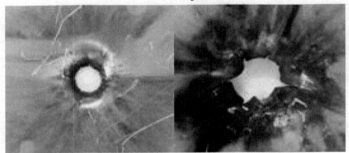

(c) 5.00 g/cm³

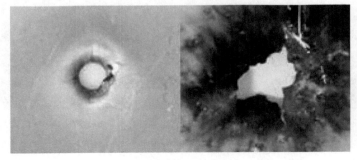

(d) 7.80 g/cm³

图 3.43 弹丸密度对毁伤效应影响特性

5. 材料配方影响

为进一步提高活性弹丸对双层间隔铝靶的毁伤效应,在传统活性毁伤材料体系中添加一定量难溶金属氧化物,以提高弹丸化学能和气体产物释放量,同时在弹丸外侧增加高强度钢壳体,以提高弹丸的力学强度和动能侵彻能力。带壳弹丸尺寸为 $\phi 12\ mm \times 11\ mm$,壳体厚度为 $1.25\ mm$,活性毁伤材料中难溶金属氧化物含量分别为 0、2.64%、5.83%、9.76% 和 14.73%。双层间隔铝靶厚度为 $3\ mm/3\ mm$,通过调整发射药量控制碰撞速度约为 $1\ 350\ m/s$。不同材料配方活性弹丸对结构靶毁伤效应如图 3.44 所示,迎弹靶及后效靶毁伤面积列于表 3.8,氧化物的添加在一定程度上提升了对后效靶的毁伤效应。从机理上分析,氧化物的添加提升了活性材料化学反应速率,造成毁伤效应提高,但氧化物含量过高时,后效靶毁伤效应有所下降。

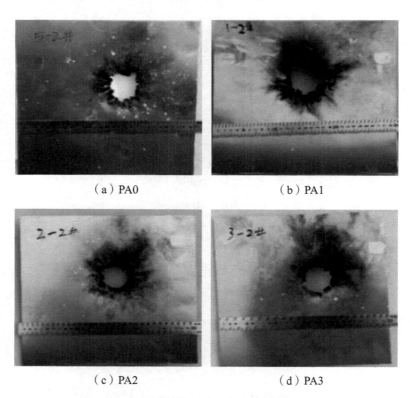

(a) PA0　　　　　　　　(b) PA1

(c) PA2　　　　　　　　(d) PA3

图 3.44　带壳活性弹丸后效靶毁伤情况

表 3.8　双层间隔铝靶毁伤实验结果

弹丸类型	难溶金属氧化物含量/%	$v/(\mathrm{m \cdot s^{-1}})$	迎弹靶毁伤面积/mm^2	后效靶毁伤面积/mm^2
PA0	0	1 349	232	1 869
PA1	2.64	1 350	138	2 519
PA2	5.83	1 368	193	1 608
PA3	9.76	1 354	216	1 876
PA4	14.73	1 350	246	1 935

3.4　活性弹丸碰撞引发结构毁伤增强模型

活性弹丸碰撞双层间隔靶引发结构毁伤增强效应主要涉及两个方面，一是活性碎片云爆燃引发毁伤效应，二是剩余侵彻体二次碰撞后效靶引发侵爆联合毁伤效应。本节主要对活性弹丸碰撞双层间隔靶侵爆联合毁伤机理、碎片云膨胀模型和后效靶结构爆裂毁伤模型三方面内容进行讨论。

3.4.1　侵爆联合毁伤机理

与惰性金属弹丸相比，活性弹丸碰撞双层间隔靶毁伤模式、毁伤效应和毁伤机理要复杂得多。一方面，活性弹丸力学强度显著低于金属弹丸，侵彻过程变形、碎裂严重，靶后碎片云分布和膨胀复杂；另一方面，活性弹丸在侵彻过程强冲击载荷作用下，会被激活并发生爆燃反应。

活性弹丸碰撞双层间隔靶典型毁伤作用过程分为侵彻引发碎裂、碎片云扩展、侵爆联合毁伤作用 3 个阶段，如图 3.45 所示。

（1）侵彻引发碎裂阶段。撞击形成的冲击波分别传入靶板和弹丸中，受冲击压缩的活性弹丸发生高应变率变形，头部发生碎裂并被激活，部分活性毁伤材料在迎弹靶前爆燃。与此同时，强冲击碰撞作用使得靶板遭碰撞区域边缘发生破坏，弹丸主要利用动能贯穿迎弹靶，如图 3.45（a）所示。

（2）碎片云扩展阶段。碎裂的活性弹丸贯穿迎弹靶后，在卸载波作用下分散成碎片云。其中，比表面积大、表面点火能低的小碎片首先发生点火并产

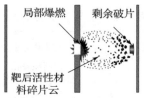 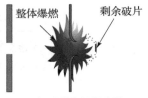

（a）侵彻引发碎裂阶段　　（b）碎片云扩展阶段　　（c）侵爆联合毁伤阶段

图 3.45　活性弹丸侵爆联合毁伤作用过程

生爆燃反应，与此同时，活性剩余侵彻体和大尺寸碎片仍以较高的速度运动，形成具有一定侵彻能力的高速碎片云，如图 3.45（b）所示。

（3）侵爆联合毁伤阶段。在靶后碎片云动能和爆燃化学能释放共同作用下，后效靶发生严重毁伤，活性剩余侵彻体和碎片云先后碰撞后效靶，致使后效靶在撞击点附近发生塑性变形甚至破裂，与此同时，活性剩余侵彻体和碎片云在碰撞后效靶过程中被二次激活，发生爆燃反应，释放大量化学能和气体产物，从而造成后效靶大破孔毁伤，如图 3.45（c）所示。

3.4.2　碎片云膨胀模型

为实现动能和化学能耦合毁伤增强，一方面，活性剩余侵彻体需具有一定的动能侵彻能力；另一方面，侵彻靶板过程中能发生强爆炸作用。从后效靶贯穿角度看，要求剩余侵彻体动能大于后效靶临界贯穿动能，即

$$E_r > E_{\lim} \tag{3.8}$$

式中，$E_{\lim}$ 为靶板临界贯穿动能；E_r 为冲塞块和剩余活性侵彻体动能。

假设冲塞块和剩余活性侵彻体具有相同速度，且冲塞块直径与弹丸初始直径相同，E_r 可表述为

$$E_r = E_{pr} + \frac{\pi}{8}\rho_t D_p^2 h_t v_r^2 \tag{3.9}$$

式中，E_{pr} 为冲塞块动能；ρ_t、D_p、h_t 分别为靶板密度、弹丸直径和靶板厚度；v_r 为剩余侵彻体速度。

在满足式（3.8）条件下，后效靶率先被剩余弹丸和冲塞块贯穿，活性材料碎片云紧接着碰撞和侵彻被贯穿的靶板，并在穿孔周围发生爆燃反应，从而产生动能和化学能联合作用，导致后效靶发生爆裂毁伤。

活性碎片云碰撞后效靶面积可基于碎片云外轮廓获得，在给定时刻 t，若认为后效靶位置可表示为 $z = z_0$，则有

$$\begin{cases} z = z_0 \\ y = v_{\theta_i} \cdot t \cdot \sin(\theta_i) \\ z = v_{\theta_i} \cdot t \cdot \cos(\theta_i) \end{cases} \tag{3.10}$$

式中,θ_i为碎片云散射角。

通过求解方程组(3.10),即可得到每个区间内碎片与后效靶交汇坐标,进而得到碰撞区域范围。以表3.5数据为例,结合碎片云扩展和膨胀模型,图3.46所示为碰撞速度对碎裂长度和激活长度的影响规律,可以看出,在实验碰撞速度范围内,活性材料激活长度和碎裂长度相等。此外,根据式(3.9)得到贯穿迎弹靶后主要剩余侵彻体(包括剩余活性弹丸和冲塞块)剩余动能随碰撞速度的变化关系,如图3.47所示,其中,E_{c1}为贯穿3 mm铝靶所需临界动能,E_{c2}为贯穿6 mm铝靶所需临界动能。可以看出,碰撞速度为716~948 m/s时,活性弹丸贯穿3 mm厚迎弹靶,剩余侵彻体动能足以贯穿厚度为3 mm的铝靶。当碰撞速度小于900 m/s时,贯穿6 mm厚迎弹靶后,剩余侵彻体动能不足以贯穿6 mm厚铝靶,这与表3.7中实验结果相对应。还需要注意的是,一方面,模型中并未考虑碎片云动能以及侵彻过程中活性材料的质量损耗,换言之,贯穿迎弹靶后碎片云动能可在一定程度上增强对后效靶的侵彻,而活性材料在贯穿迎弹靶过程中的质量损耗又会降低剩余动能;另一方面,在碰撞后效靶过程中,活性材料被激活发生化学反应,并释放大量化学能,增强了对后效靶的毁伤能力。

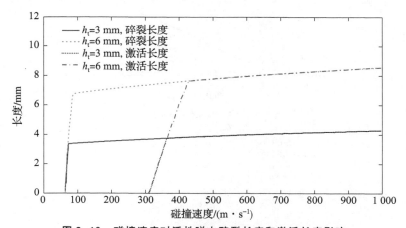

图3.46 碰撞速度对活性弹丸碎裂长度和激活长度影响

碰撞速度对靶后碎片云扩展范围有显著影响,进而影响后效靶毁伤面积。根据式(1.68)得到活性弹丸贯穿迎弹靶后活性材料碎片数量随尺寸分布的关系,如图3.48所示,可以看出,在靶后碎片云中,部分碎片可在两靶间发生完全爆燃,大尺寸碎片则以一定速度碰撞后效靶并发生爆燃,实现对后效靶高效毁伤,这部分碎片云的扩散范围对后效靶碰撞毁伤面积有显著影响。

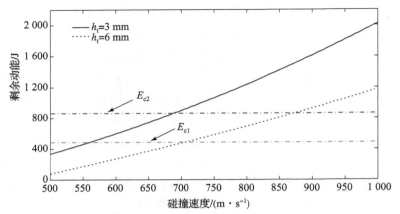

图 3.47　剩余破片动能与碰撞速度关系

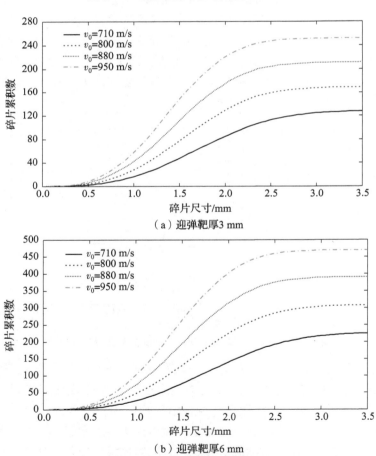

（a）迎弹靶厚 3 mm

（b）迎弹靶厚 6 mm

图 3.48　碰撞速度对碎片尺寸分布影响

活性弹丸贯穿迎弹靶后形成活性材料碎片云外轮廓如图 3.49 所示，图中，$X = 0$ mm 和 $X = 200$ mm 处分别为迎弹靶和后效靶位置。可以看出，随碰撞速度提高，碎片周向扩展范围和碎片云碰撞后效靶面积随之增大，导致后效靶毁伤面积增大。从图 3.49 中还可发现，基于碎片云外轮廓理论估算得到的后效靶碰撞面积大于实验值。主要原因在于，实际弹靶作用过程中，一是碎片云轮廓理论计算中未忽略部分在贯穿迎弹靶和运动过程中已发生完全爆燃反应的小碎片；二是由于部分小碎片质量小、密度低，导致其不能有效侵彻后效靶。

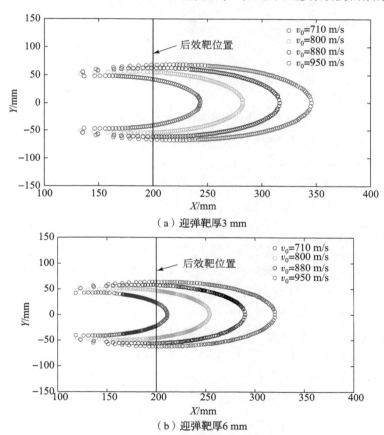

(a) 迎弹靶厚 3 mm

(b) 迎弹靶厚 6 mm

图 3.49　碰撞速度对碎片云外轮廓影响

3.4.3　爆裂毁伤模型

碎片云膨胀模型基于碎片云膨胀轮廓分析对后效靶的毁伤面积，但事实上，除了碎片动能碰撞对后效靶的机械贯穿毁伤外，活性毁伤材料激活及其爆燃反应释放化学能对后效靶的结构爆裂毁伤更为显著。

活性弹丸首先撞击迎弹靶，在迎弹靶后形成碎片云和剩余侵彻体，其中一部分碎片发生爆燃反应、一部分碎片随剩余侵彻体撞击后效靶，后效靶在动能作用下破裂，与此同时，剩余侵彻体在撞击过程中发生二次激活，形成的超压场进一步增强了对后效靶的破裂毁伤效应，如图 3.50 所示。

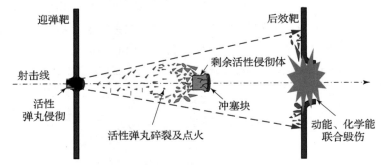

图 3.50　活性弹丸碰撞双层间隔靶作用过程

活性弹丸撞击双层间隔靶可分为三个典型阶段，第一阶段中活性弹丸碰撞迎弹靶，高速碰撞产生的压力使得活性弹丸部分碎裂，且距离碰撞点越近，材料碎裂越严重。第二阶段，碎片云在迎弹靶后扩展，碎片云前端为未反应剩余活性侵彻体及冲塞块。第三阶段，冲塞块和剩余活性侵彻体首先利用动能侵彻后效靶并形成穿孔，同时，在二次碰撞中被激活的活性材料进一步利用爆燃反应释放的化学能和气体产物对后效靶造成更严重的结构爆裂毁伤。

后效靶在动能侵彻与爆炸化学能联合作用下的毁伤分析模型如图 3.51 所示。后效靶上动能侵彻穿孔和裂纹扩展如图 3.51（a）所示，其中，$2a$ 是剩余活性侵彻体动能碰撞后效靶产生的穿孔直径。在动能穿孔基础上，后效靶受爆燃压力作用，引起裂纹进一步扩展，最终在靶板上形成的等效毁伤区域直径为 $2b$，即最终裂纹长度。图 3.51（b）为爆燃压力作用已穿孔后效靶力学模型，可近似认为后效靶从穿孔中心产生隆起和挠度。靶板在隆起最初阶段为弹性响应，且在弹性变形范围内作用于靶板的拉伸应力可表示为

$$\sigma = E\varepsilon = E(\sqrt{(b^2+\delta^2)/b^2} - 1) \approx E\delta^2/(2b^2) \qquad (3.11)$$

式中，δ 表示后效靶隆起高度；E 是靶板材料杨氏模量。

对于长裂纹，靶板应力强度因子 K_I 与动能穿孔尺寸相关，可表述为

$$K_I = S'\sigma\sqrt{\pi a} \qquad (3.12)$$

式中，S' 为常数。

式（3.12）表明，强度因子 K_I 随应力线性增长，当强度因子达到临界值时，裂纹扩展进入不稳定阶段，强度因子 K_I 即为材料断裂强度因子 K_{Ic}。

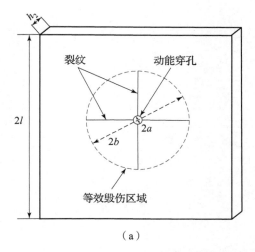 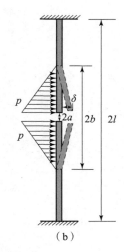

图 3.51 活性弹丸侵爆联合毁伤分析模型

将式（3.11）带入式（3.12），令 $K_\mathrm{I} = K_\mathrm{Ic}$，后效靶临界隆起高度 δ_c 可表述为

$$\delta_\mathrm{c} = Ab\sqrt{K_\mathrm{Ic}/E}/a^{1/4} \quad (3.13)$$

式中，A 为常数。基于简支梁模型，后效靶隆起高度又可表示为

$$\delta = pbl^3(20 - 10b/l + b^3/l^3)/(120EI) \quad (3.14)$$

式中，I 是后效靶横截面转动惯量，$I = bh_2^3/12$；p 为爆燃压力。

联立式（3.13）和式（3.14），可得后效靶平均穿孔半径 b 为

$$b = 2l^3/(B + l^2) \quad (3.15)$$

其中

$$B = Gh_2^3\sqrt{EK_\mathrm{Ic}}/(a^{1/4}m_\mathrm{r}v_\mathrm{r}^2) \quad (3.16)$$

式中，G 是常数；m_r 为剩余侵彻体质量。

第 4 章
引燃毁伤增强效应

4.1 高速碰撞水锤效应

在惰性弹丸高速侵彻作用下，充液目标内液体获得动能和势能，在液体内产生高幅值压力波，造成流体动压效应，即水锤效应。高压液体与周围箱体结构相互作用，造成液箱结构破坏、液体泄漏、高速喷射。

4.1.1 液体中压力波

流体动压效应的产生主要是由于液体分子间距离小，导致其可压缩性小，受到较小压缩时就会产生较大压力。在惰性金属弹丸高速撞击下，油箱类目标内所产生流体动压效应作用过程主要涉及初始冲击、阻滞及空穴形成、贯穿及空穴塌陷、液体喷出四个阶段，如图 4.1 所示。

（1）初始冲击阶段。惰性金属弹丸高速撞击油箱前壁面后，产生初始冲击波，传入高速弹丸的同时，以撞击点为中心，向液态燃油内传播。由于半球面波在液体中衰减较快，较强的冲击载荷主要集中于弹丸入口附近，使侵彻阶段中已受到削弱作用的油箱前壁面发生翘曲变形，如图 4.1 (a) 所示。

（2）阻滞及空穴形成阶段。弹丸贯穿前壁面进入油箱后，继续在液态燃油内运动，受燃油拖曳阻力作用，速度不断下降，并在该过程中将动能传递给周围燃油，导致油箱内燃油流动，在油箱内形成连续分布的压力场。但与初始冲击阶段冲击波不同的是，高速弹丸侵彻下的燃油流动是一个逐渐加速的过

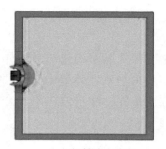 

（a）初始冲击阶段　　　　　　（b）阻滞及空穴形成阶段

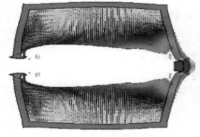 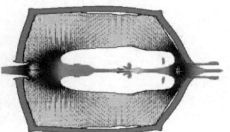

（c）贯穿及空穴塌陷阶段　　　　（d）液体喷出阶段

图 4.1　惰性弹丸高速撞击液箱水锤效应

程。燃油内所产生的压力在峰值上显著低于初始冲击阶段冲击压力，但与初始冲击压力相比，持续时间显著更长。由于惯性作用，运动的燃油无法及时回流，从而在弹丸后方形成一空穴。紧邻弹丸的燃油被加速后具有一定的轴向和径向速度，导致空穴不断扩展。随着空穴体积迅速扩增，燃油内部压力波传递至油箱各壁面，进一步导致油箱结构产生变形，如图 4.1（b）所示。

（3）贯穿及空穴塌陷阶段。随着弹丸运动，在复杂应力场作用下，燃油中空穴将逐渐坍塌，不断从两侧向中央闭合，并最终消失，空穴坍塌引起的振荡压力也将进一步加剧对油箱结构的破坏，如图 4.1（c）所示。

（4）液体喷出阶段。当弹丸继续运动至油箱后壁面时，将与后壁面碰撞，如果弹丸此时仍具有足够动能，将最终贯穿油箱后壁面并穿出，油箱内部燃油也将随之从弹丸入口与出口处喷出，如图 4.1（d）所示。

上述四个阶段即为惰性金属弹丸撞击油箱类目标时的作用过程。惰性金属弹丸主要依靠其动能所产生的油箱内燃油的流体动压效应来对油箱结构进行毁伤，当弹丸动能足够高时，将导致油箱结构产生一定程度的破坏并引发燃油的喷溅与泄漏。但由于惰性金属弹丸在撞击过程中缺乏有效点火机制，燃油在喷出后被点燃概率较小，仍无法实现对油箱类目标的有效引燃。

4.1.2 液体中侵彻效应

惰性金属弹丸撞击油箱前壁面产生初始冲击波,传播至箱壁与液体界面处将发生反射和透射,透射波继续向液体中传播,反射波则在箱壁中传播。

对于正入射情况,根据连续条件和波阵面守恒条件,冲击波在不同介质界面反射和透射满足以下方程

$$\Delta\sigma_R = F \cdot \Delta\sigma_I \tag{4.1}$$

$$\Delta\sigma_T = T \cdot \Delta\sigma_I \tag{4.2}$$

式中,$\Delta\sigma_I$、$\Delta\sigma_R$ 和 $\Delta\sigma_T$ 分别为入射波、反射波和透射波压力;F 为反射系数,$F = (1-n)/(1+n)$;T 为透射系数,$T = 2/(1+n)$;n 为阻抗比,$n = (\rho_0 c_0)_1 / (\rho_0 c_0)_2$,$(\rho_0 c_0)_1$ 为入射波所在介质波阻抗,$(\rho_0 c_0)_2$ 为透射波所在介质波阻抗。

碰撞产生的冲击波透射传入液体后冲击波压力表述为

$$p = \frac{2}{1 + \rho_t c_t / \rho_l c_l} \cdot v_0 \frac{\rho_p(c_p + s_p u_p) \cdot \rho_t(c_t + s_t u_t)}{\rho_p(c_p + s_p u_p) - \rho_t(c_t + s_t u_t)} \tag{4.3}$$

式中,p 为冲击波压力;ρ_t、ρ_p、ρ_l 分别为箱体材料、弹丸材料及液体密度;c_t、c_p、c_l 分别为箱体材料、弹丸材料及液体声速;s_t、s_p 分别为箱体材料、弹丸材料常数;u_t、u_p 分别为箱体、弹丸材料粒子速度;v_0 为弹丸初始碰撞速度。

式(4.3)表明,随碰撞速度增加,弹丸撞击油箱前壁面所产生的初始撞击压力也随之提高,相应地,透射传入液体中的冲击压力也随着上升。值得注意的是,虽然该初始冲击波压力峰值较高,但随着冲击波在液体中的传播,其压力将迅速下降。因此,在初始冲击阶段,较强的冲击波载荷主要集中于弹丸撞击点附近,从而对油箱前壁面造成一定程度的损伤。

在弹丸成功贯穿油箱前壁面后,侵入液体并继续高速运动。受到液体所施加的黏性阻力,速度将迅速衰减,此时即进入拖曳阶段。将液体视作不可压缩流体,弹丸在液体中的迎面阻力系数 $C_x(K)$ 可表述为

$$C_x(K) = C_x(0)(1 + K) \tag{4.4}$$

$$K = \frac{p_0 - p_v}{\rho_l v_p^2 / 2} \tag{4.5}$$

式中,K 为空穴参数;p_0 为初始静态压力;p_v 为空穴内部压力;ρ_l 为液体密度;v_p 为弹丸速度。弹丸在油箱内运动的过程中,C_x 将随弹丸存速及液体压力和密度的变化而变化,因此在实际计算中常将 C_x 视为常数。

弹丸在油箱中运动时,所受黏性阻力表述为

$$F_p = \frac{1}{2} S C_x \rho_1 v_p^2 \tag{4.6}$$

根据动能定理，黏性阻力也可表述为

$$F_p = - m_p \frac{dv_p}{dt} \tag{4.7}$$

联立式（4.6）、式（4.7）可得

$$m_p \frac{dv_p}{dt} = - \frac{1}{2} C_x \rho_1 S v_p^2(t) \tag{4.8}$$

式中，m_p 为弹丸质量；C_x 为常数；S 为弹丸截面积。

由此可得弹丸在液体中的速度随时间的变化规律为

$$v_p(t) = \frac{v_{p0}}{1 + [v_{p0} S C_x \rho_1 / (2 m_p)] t} = \frac{v_{p0}}{1 + Bt} \tag{4.9}$$

$$B = \frac{v_{p0} S C_x \rho_1}{2 m_p} \tag{4.10}$$

式中，v_{p0} 为弹丸贯穿油箱前壁面后的剩余速度。

同样可得弹丸在液体中的速度随位移的变化规律为

$$v_p(x) = v_{p0} \cdot \exp\left(-\frac{S C_x \rho_1}{2 m_p} x\right) \tag{4.11}$$

正是由于液体所施加的黏性阻力，弹丸速度在运动过程中不断衰减，并逐渐将其动能传递给周围液体。由于液体的可压缩性小，随着弹丸在液体中高速运动，弹丸周围液体将被扰动并获得一定的径向速度与轴向速度，从而在液体中产生相应的压力场。在拖曳阶段，一般还将液体对弹丸制动作用产生的压力称为制动压力。该制动压力要小于初始冲击波压力，但其作用时间要远长于初始冲击波，因此制动压力对液体中总液压冲量的贡献不可忽略。

4.1.3 瞬时空腔效应

弹丸在液体中运动时，由于惯性作用，从弹丸四周流过的液体无法及时回流到弹丸后方，造成弹丸后方形成一液体空腔，该现象称为空腔效应。

弹丸在液体黏性阻力作用下损失的动能将转化为液体的动能和势能，液体运动和空腔扩张都会相应地加大对容器结构的破坏作用。空腔效应一般包括空腔形成和坍塌两个阶段。空腔形成后，随着空腔扩张，空腔壁面速度逐渐减小，当空腔壁速度为零时，空腔将达到其最大直径，且此时液体的总能量全部转化为势能。随后空腔将发生坍塌，其势能又再次转化为动能。忽略该过程中热效应所引起的内能变化，可建立如图 4.2 所示的空腔生长模型。

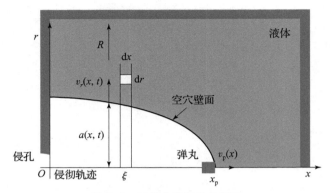

图 4.2 液体中空腔生长模型

假设弹丸击穿容器前壁面后，沿 $+x$ 方向继续在液体中直线运动，则弹丸速度的衰减可通过牛顿第二定律表述为

$$m_p \frac{d^2 x}{dt^2} = m_p \frac{dv_p}{dt} = \sum F_x = -\frac{\rho_1 S C_x v_p^2}{2} \quad (4.12)$$

式中，m_p 为弹丸质量；t 为时间；v_p 为弹丸在液体中的运动速度；ρ_1 为液体密度；S 为弹丸截面积；C_x 为阻力系数。

弹丸动能随运动距离的变化关系，即 dE_p / dx_p 为

$$\frac{dE_p}{dx_p} = \frac{\rho_1 S C_x v_p^2}{2} \quad (4.13)$$

基于点源分布理论，假设沿弹丸运动轨迹分布着无数点，则弹丸与液体空腔运动状态均可通过这些点描述。基于能量守恒定律，在任一点处，弹丸动能损失等于该点对应液体所获得的总能量（动能与势能之和）。对于弹丸运动轨迹上的点，通过流体势能方程的线性化处理可得到各点轴向和径向速度分量。在弹丸侵彻所形成的空腔壁面上，壁面径向速度 v_r 与该点处强度 ζ 成正比

$$v_r = \frac{2}{r} \zeta(\xi, t) \quad (4.14)$$

式中，r 为径向距离；ζ 为点强度；ξ 为弹丸侵彻轨迹上的任意一点。

在有限半径 R 内，液体动能 E_1 为

$$dE_1 = \left(\pi \rho_1 \int_a^R v_r^2 r dr \right) dx \quad (4.15)$$

联立式（4.14）及式（4.15）可得

$$dE_1 = 4\pi \rho_1 N \zeta^2 dx \quad (4.16)$$

式中，$N = \ln(\Omega/a)$，a 为 ξ 处空腔半径，Ω/a 取值通常在 15～30 范围。

基于能量守恒方程，弹丸在 $x = \xi$ 处的动能损失等于 dx 间隔内液体的动能

与势能之和。液体在 dx 间隔内的势能 dE_x 可用空腔壁面在 dx 距离内扩展所增加的体积进行描述，表述为

$$dE_x = [p_0(x) - p_c(x)]\pi a^2 dx \quad (4.17)$$

式中，$p_0(x)$ 为 x 处的大气压力；$p_c(x)$ 为 x 处的空腔压力。假设空腔压力在 x 方向上保持不变，定义 $p_g = p_0(x) - p_c(x)$，则能量守恒方程可表述为

$$\left(\frac{dE_p}{dx_p}\right)_\xi = 4\pi\rho_1 N\zeta^2 dx + \pi p_g a^2 dx \quad (4.18)$$

定义变量 $A(x)$ 和 $B(x)$ 为

$$A^2(x) = \frac{1}{\pi p_g}\left(\frac{dE_p}{dx_p}\right)_\xi, \quad B^2(x) = \frac{p_g}{\rho_1 N} \quad (4.19)$$

故点强度 ζ 可表达为

$$\zeta = \pm \frac{1}{2}B(x)\sqrt{A^2(x) - a^2(x)} \quad (4.20)$$

在空腔壁面上有 $r = a$，故式（4.20）可进一步表述为

$$\zeta = \frac{1}{2}a(x)a'(x) \quad (4.21)$$

式中，$a'(x)$ 为 $a(x)$ 的一阶导数，即 x 处的空腔壁面速度。

联立式（4.20）与式（4.21）可得

$$a(x)a'(x) = \pm B(x)\sqrt{A^2(x) - a^2(x)} \quad (4.22)$$

结合边界条件 $t = t_p$，$a = D_p/2$，上式积分可得

$$\pm \sqrt{A^2(x) - a^2(x)} = \sqrt{A^2(x) - (D_p/2)^2} - B(x)(t - t_p) \quad (4.23)$$

故空腔半径 $a(x)$ 可表述为

$$a(x) = \sqrt{A^2(x) - [\sqrt{A^2(x) - (D_p/2)^2} - B(x)(t - t_p)]^2} \quad (t > t_p) \quad (4.24)$$

式中，t_p 为弹丸到达 x_p 位置所用时间。

相应的空腔壁面扩展速度可由上式求导所得

$$v_r(x) = \frac{da(x)}{dt} = \frac{B(x)[\sqrt{A^2(x) - (D_p/2)^2} - B(x)(t - t_p)]}{\sqrt{A^2(x) - [\sqrt{A^2(x) - (D_p/2)^2} - B(x)(t - t_p)]^2}} \quad (t > t_p) \quad (4.25)$$

空腔形成及不断扩大后，将最终发生坍塌。空腔坍塌是指在弹丸运动轨迹上，所形成的空腔发生连续闭合并最终完全消失的过程。

研究表明，空腔形成时间与其坍塌所需时间并不相等，坍塌时间要略长于形成时间。假设空腔在某一特定位置开始坍塌，此处空腔壁面速度为 0，则空

腔在 x 处的初始坍塌时间 $T_c(x)$ 可表述为

$$T_c(x) = t_p(x) + \frac{A(x)}{B(x)} \tag{4.26}$$

式中，$t_p(x)$ 为弹丸运动到 x 处所用时间；$A(x)/B(x)$ 为空腔形成时间，即空腔半径从 0 开始扩展至其最大半径所用时间。

由于弹丸侵彻下的空腔坍塌过程十分复杂，一般假设空腔坍塌时间等于空腔形成时间，则位置 x 处空腔坍塌完成时间 T_r 可近似表述为

$$T_r(x) = t_p(x) + 2\frac{A(x)}{B(x)} \tag{4.27}$$

空腔坍塌过程中会产生复杂应力场，使容器内压力再次升高并出现振荡现象，因此空腔坍塌过程对容器结构的破坏作用同样不可忽略。

在侵彻效应与空腔效应联合作用下，弹丸在液体中所引起的液压冲量将持续上升，且容器后壁面受液体中冲击波作用将逐渐向外隆起变形，其受力状态如图 4.3 所示。为分析后壁面受压时壁面挠度及挠度变化速度随时间变化的规律，做如下假设：后壁面在变形过程中材料密度不变；后壁面相邻粒子间不因剪切运动产生相互作用力；忽略边缘效应。

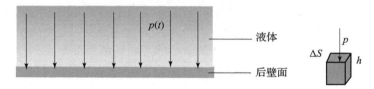

图 4.3　容器后壁面载荷分布

容器后壁面所受压力载荷可表述为

$$F = ma \tag{4.28}$$

式中，m 为油箱壁微元质量；a 为油箱壁微元加速度。

取后壁面上一面积微元 ΔS，式 (4.28) 可表述为

$$p(t)\Delta S = \rho h \cdot \Delta S \frac{du}{dt} \tag{4.29}$$

$$du = \frac{p(t)}{\rho h}dt \tag{4.30}$$

式中，ρ 为后壁面材料密度；h 为后壁面厚度；$p(t)$ 为壁面所受压力；u 为壁面微元速度。

对式 (4.30) 积分，壁面微元速度可表述为

$$u(t) = \frac{1}{\rho h}\int_0^t p(t)dt \tag{4.31}$$

对速度积分，可得相应微元位移

$$x(t) = \frac{1}{\rho h}\int_0^t \int_0^t p(t)\,\mathrm{d}t\mathrm{d}t \tag{4.32}$$

理论分析表明，容器后壁面挠度及挠度变化速度均与壁面单位面积质量成反比，且当壁面材料密度一定时，挠度及挠度变化速度与壁面厚度成反比；容器后壁面挠度变化与作用于后壁面压力大小及作用时间相关。

若将容器后壁面变形过程视为水平冲击问题，引入动荷因数 K_d，即

$$K_\mathrm{d} = \sqrt{\frac{v^2}{g\delta_\mathrm{st}}} \tag{4.33}$$

式中，δ_st 为后壁静位移；v 为液体作用于后壁面的速度；g 为重力加速度。

则容器后壁面变形挠度 δ 可表述为

$$\delta = K_\mathrm{d} \cdot \delta_\mathrm{st} \tag{4.34}$$

从上述分析可以看出，容器后壁面挠度与直接作用于容器后壁面的液体速度密切相关，也即取决于弹丸传递至液体的动能多少。

4.2 油箱结构毁伤数值模拟

弹丸高速碰撞在油箱内产生流体动压效应，对油箱结构造成毁伤，采用数值模拟可系统分析该复杂动力学过程。本节主要介绍油箱结构毁伤模拟数值算法、碰撞速度、油箱结构等因素对油箱毁伤效应影响特性。

4.2.1 碰撞速度影响特性

油箱在高速弹丸侵彻下产生流体动压效应，油箱结构和燃油均发生剧烈变形。数值模拟中涉及空气和流体两种欧拉（Euler）物质，且物质结构存在大变形，因此采用多物质 ALE 及流固耦合算法，以实现多欧拉物质流体与固体结构间的相互耦合作用分析。ALE 算法基本方程为

$$\frac{\partial f(X_i,t)}{\partial t} = \frac{\partial f(x_i,t)}{\partial t} + \omega_i \frac{\partial f(x_i,t)}{\partial x_i} \tag{4.35}$$

式中，X_i 为 Lagrange 坐标；x_i 为 Euler 坐标；ω_i 为相对速度，$\omega_i = v_i - u_i$；v_i 表征物质速度；u_i 为网格速度。

流体和固体结构之间的相互作用引入了除 Euler 和 Lagrange 坐标外的第三个参照坐标。表征 ALE 算法的质量守恒、动量守恒及能量守恒关系为

质量守恒方程

$$\frac{\partial \rho}{\partial t} = -\rho \frac{\partial v}{\partial x_i} - \omega_i \frac{\partial \rho}{\partial x_i} \quad (4.36)$$

动量守恒方程

$$\sigma_{ij,j} + \rho b_i = \rho \frac{\partial v_i}{\partial t} + \rho \omega_i \frac{\partial v_i}{\partial x_j} \quad (4.37)$$

能量守恒方程

$$\sigma_{ij,j} v_{i,j} + b_j v_j = \rho \frac{\partial E}{\partial t} + \rho \omega_i \frac{\partial E}{\partial x_j} \quad (4.38)$$

数值模拟研究中，弹丸、液箱材料为金属，采用 Johnson-Cook 材料模型和 Gruneisen 状态方程描述。Johnson-Cook 材料模型表述为

$$\sigma_y = (A + B\overline{\varepsilon}^{p^n})(1 + C\ln\dot{\varepsilon}^*)(1 - (T^*)^m) \quad (4.39)$$

式中，乘积项依次表示应变效应、应变率效应、温度效应；σ_y 为材料屈服强度；$\overline{\varepsilon}^p$ 为材料塑性应变；A、B、C、n、m 均为材料参数；$\dot{\varepsilon}^*$ 为有效塑性应变率与准静态临界率比值；T^* 为比温度。Johnson-Cook 材料模型使用应变失效准则，表达式为

$$\varepsilon^f = [D_1 + D_2\exp(D_3\sigma^*)][1 + D_4\ln\dot{\varepsilon}^*][1 + D_5 T^*] \quad (4.40)$$

式中，σ^* 为压力与有效应力的比值，$\sigma^* = p/\sigma_{\text{eff}}$，其中 p 为压力，σ_{eff} 为有效应力；$D_1 \sim D_5$ 均为常数。

在 Gruneisen 状态方程中材料处于压缩状态时压力表达式如下

$$p = \frac{\rho_0 C^2 \mu \left[1 + \left(1 - \frac{\gamma_0}{2}\right)\mu - \frac{\alpha}{2}\mu^2\right]}{\left[1 - (S_1 - 1)\mu - S_2\frac{\mu^2}{\mu+1} - S_3\frac{\mu^3}{(\mu+1)^2}\right]^2} + (\gamma_0 + \alpha\mu) E \quad (4.41)$$

式中，γ_0 为 Gruneisen 系数；S_1、S_2、S_3 为冲击波 $u_s - u_p$ 曲线斜率系数；ρ_0 为材料初始密度；μ、α 为与材料有关的参数。

材料处于拉伸状态时，压力表达式如下

$$p = \rho_0 C^2 \mu + (\gamma_0 + \alpha\mu) E \quad (4.42)$$

在数值模拟过程中液箱中介质为水，所选用的材料模型为 Mat-Null，状态方程为 Gruneisen 方程，介质压缩状态压力为

$$p = \frac{\rho_0 C^2 \mu \left[1 + \left(1 - \frac{\gamma_0}{2}\right)\mu - \frac{\alpha}{2}\mu^2\right]}{\left[1 - (S_1 - 1)\mu - S_2\frac{\mu^2}{\mu+1} - S_3\frac{\mu^3}{(\mu+1)^2}\right]^2} + (\gamma_0 + \alpha\mu) E \quad (4.43)$$

膨胀状态时压力表达式为

$$p = \rho_0 C^2 \mu + (\gamma_0 + \alpha\mu) E \tag{4.44}$$

空气采用 Mat – Null 材料模型，状态方程采用 Linear – Polynomial 方程，介质中压力表达式如下

$$p = C_0 + C_1\mu + C_2\mu^2 + C_3\mu^3 + (C_4 + C_5\mu + C_6\mu^2) E_0$$

式中，$C_0 \sim C_6$ 均为常数；E_0 为初始能量。

数值模拟中所采用油箱为前后端盖焊接结构，弹丸为圆柱形，油箱侧视结构、正视结构和数值模型如图4.4所示。油箱由前端盖、矩形侧壁及后端盖组成，内部尺寸为188 mm×100 mm×188 mm，箱体侧壁厚6 mm，侧壁与前后端盖通过焊接连接，后端盖尺寸为240 mm×240 mm×6 mm，油箱上方设 ϕ30 mm 注油孔；圆柱形弹丸尺寸为 ϕ10 mm×10 mm。油箱前端盖厚6 mm，燃油高度为100 mm，入射点位于燃油层中间位置。出于对称性考虑，油箱与弹丸均采用平面对称1/2模型进行仿真。油箱箱体、弹丸及流体均采用 Lagrange 算法，并对流体设置拉应力失效，模拟流体不抗拉特性。

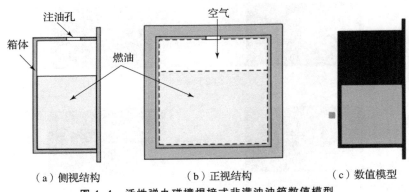

（a）侧视结构　　　　（b）正视结构　　　　（c）数值模型

图4.4　活性弹丸碰撞焊接式非满油油箱数值模型

基于有限元模型，首先开展弹丸碰撞速度对非满油油箱毁伤效应影响研究。数值模拟中，弹丸初始碰撞速度分别为 700 m/s、900 m/s、1 100 m/s、1 300 m/s 及 1 500 m/s，弹丸撞击油箱并贯穿前铝板后，进入液体内部，并在流体阻力作用下发生速度衰减，不同初速下活性弹丸速度随时间的变化如图4.5所示。弹丸初速较高时，贯穿前铝板后仍具有较高剩余速度，但其受到的液体阻滞作用也更为显著，更多动能传递给流体，更有利于对油箱结构造成毁伤。

弹丸侵彻作用下油箱内部空穴形成过程及速度云图如图4.6所示。弹丸附近液体粒子受到拖曳阻力作用产生轴向和径向速度，从而以弹丸侵彻轨迹线为中心径向流动并形成空腔。流体扩张形成空腔的同时，液体内部形成了一定压力场，即流体动压效应。当流体运动扩展至相应的油箱壁面时，便会在壁面上产生冲击压力，从而造成油箱结构损伤。

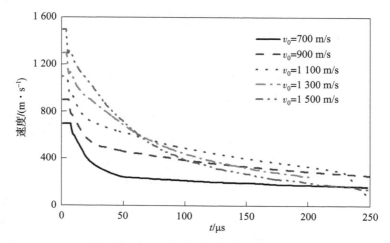

图 4.5　不同初速弹丸运动速度时间历程

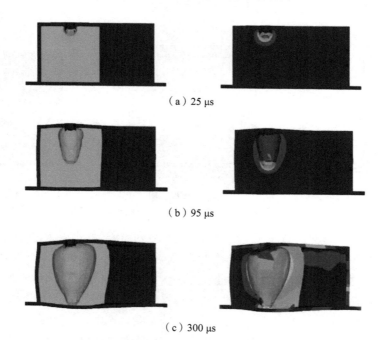

(a) 25 μs

(b) 95 μs

(c) 300 μs

图 4.6　空穴形成过程及液体速度分布

弹丸初速对液体内压力的影响如图 4.7 所示,可以看出,碰撞速度越高,初始压力峰值越高。弹丸速度为 1 500 m/s 时,初始冲击压力达 13.39 GPa,且阻滞阶段产生的压力也能够达到 7.26 GPa。但值得注意的是,初始冲击压力虽峰值较高但其作用时间较短,而阻滞阶段压力峰值较低但其作用时间较长,因此阻滞阶段的压力对油箱结构的破坏作用不可忽视。数值模拟结果还表明，随弹丸初始速度从 1 500 m/s 降至 700 m/s，液体内部初始冲击压力从 13.39 GPa 逐渐下降至 10.06 GPa、8.18 GPa、6.08 GPa、0.48 GPa。此外，阻滞阶段压力峰值也随初始速度降低而降低，碰撞速度为 1 500 m/s 时，阻滞阶段压力峰值为 7.26 GPa，而当碰撞速度为 700 m/s 时，压力峰值降至 1.35 GPa，但初始冲击阶段与阻滞阶段的压力作用时间随速度的变化并无显著区别。

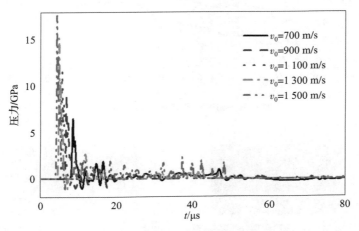

图 4.7 初速对液体内压力影响

基于所观测液体单元压力数据，可通过液体单元压力对时间积分获得弹丸初速对液体内压力冲量的影响，如图 4.8 所示。初始阶段（<10 μs），在初始冲击波作用下，液压冲量迅速升高；随后，由于阻滞压力作用，液压冲量逐渐升高并最终趋于稳定。此外，随着弹丸初始速度升高，弹丸动能侵彻所产生的液压冲量也逐渐增大。值得注意的是，随着冲击波在液体中的不断传播，到达箱体侧壁和后铝板时均会发生透射和反射，且二者之间相互耦合，在液体内部形成复杂压力场，弹丸侵彻液箱过程中的典型压力云图如图 4.9 所示。

采用数值模拟方法同样可对弹丸撞击下的油箱毁伤效应进行分析。弹丸初速分别为 700 m/s、900 m/s、1 100 m/s、1 300 m/s 及 1 500 m/s 时油箱前后铝板位移如图 4.10 所示。弹丸初速为 1 500 m/s 时，箱体结构变形毁伤过程如图 4.11 所示。弹丸撞击油箱后，首先贯穿前铝板，随后在液体中继续运动。随着液体拖曳阻力作用，弹丸动能逐渐传递给周围液体，引起油箱内液体流动，箱体前后铝板随之发生变形。在约 95 μs 时，油箱后铝板开始产生外鼓变形，且随时间推移剩余弹丸能够完全贯穿后铝板，使后铝板发生极大的翘曲变形。

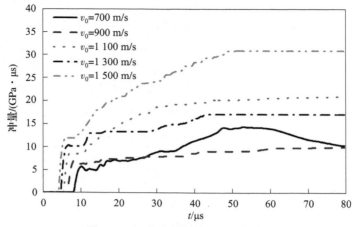

图4.8 初速对液体内压力冲量影响

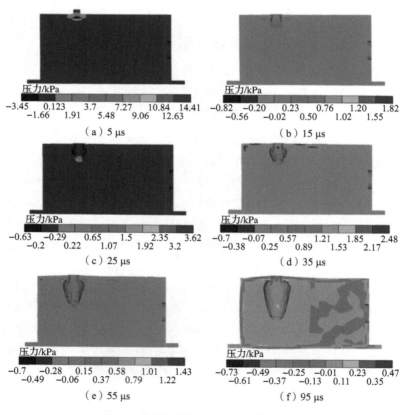

图4.9 弹丸侵彻过程中液体压力分布

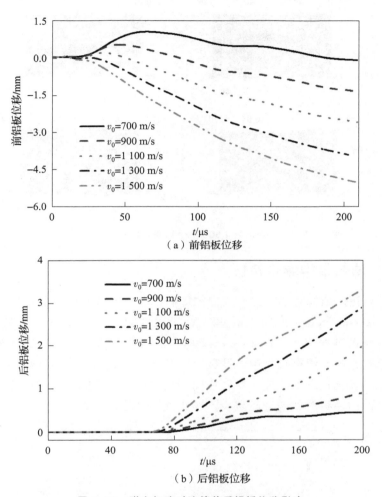

图 4.10　弹丸初速对油箱前后铝板位移影响

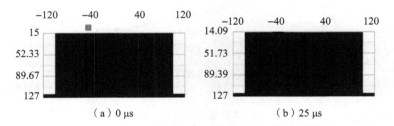

图 4.11　弹丸初速为 1 500 m/s 时箱体结构毁伤效应

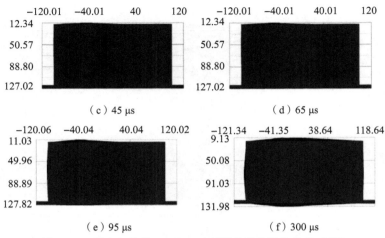

图 4.11 弹丸初速为 1 500 m/s 时箱体结构毁伤效应（续）

4.2.2 油箱结构影响特性

为研究箱体结构对油箱毁伤效应的影响，数值模拟中油箱前铝板厚度分别为 3 mm、6 mm、8 mm 及 10 mm，弹丸入射速度均为 1 100 m/s。不同前铝板厚度下弹丸侵彻过程速度变化如图 4.12 所示。从图中可以看出，随着油箱前铝板厚度增加，弹丸侵彻过程中速度衰减速度增加，弹丸剩余速度减小。这也表明随着油箱前铝板厚度增加，弹丸在侵彻过程中速度降低，与流体的相互作用减弱，从而传递给流体的动能减少，导致流体动压效应减弱。

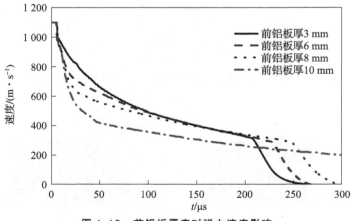

图 4.12 前铝板厚度对弹丸速度影响

油箱前铝板厚度不同时，液体压力随时间的变化如图 4.13 所示。从图中可以看出，在弹丸速度相同条件下，随油箱前铝板厚度从 3 mm 增加至 10 mm，油箱内初始液体压力从 7.17 GPa 增加至 8.19 GPa，其中当前铝板厚为 8 mm 和 10 mm 时，初始液体压力基本相同。前铝板厚对拖曳压力影响较大，当前铝板厚为 3 mm 时，拖曳压力仅为 1.94 GPa，远低于前铝板厚 10 mm 时的 3.75 GPa。

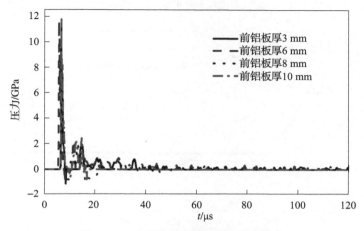

图 4.13　前铝板厚度对油箱内压力影响

不同前铝板厚度时油箱内液压冲量变化如图 4.14 所示。从图中可以看出，前铝板厚度对液压冲量影响显著。前铝板厚度分别为 3 mm、6 mm、8 mm 时，液压冲量均高于前铝板厚 10 mm 时，厚度不同，液压冲量变化规律差异显著。前铝板厚度较薄时，冲量先快速升高，而后缓慢增加；而前铝板厚 10 mm 时，液压冲量快速升高至 14 kPa·μs，之后基本保持恒定。但是从初始压力及拖曳压力大小来看，前铝板厚度为 10 mm 时的液压冲量与 8 mm 时基本相同。

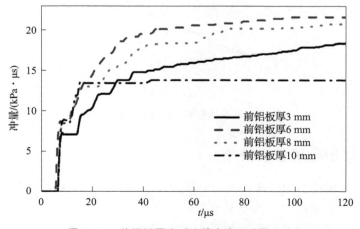

图 4.14　前铝板厚度对油箱内液压冲量影响

前铝板厚度不同时，弹丸侵彻下前后铝板位移如图 4.15 所示，后铝板变形如图 4.16 所示。从图中可以看出，前铝板厚度小于 6 mm 时，前铝板向外隆起，且前铝板厚度越小，向外隆起程度越大。而当油箱前铝板厚度大于 6 mm 时，前铝板向油箱内部凹陷。油箱后铝板变形则随着前铝板厚度增加而减小。

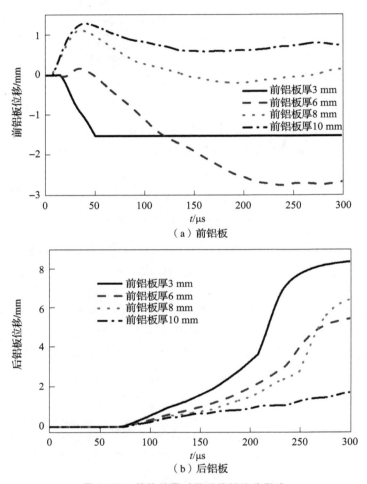

图 4.15　箱体壁厚对前后铝板位移影响

4.2.3　着靶位置影响特性

除了弹丸初速及油箱结构，对于非满油油箱而言，弹着点也显著影响油箱结构毁伤。数值模拟中，选择 5 个不同弹着点，其中 A 为燃气层中点，B 为液面处，C、D、E 位于液面下，如图 4.17 所示，弹丸着靶速度为 1 100 m/s。

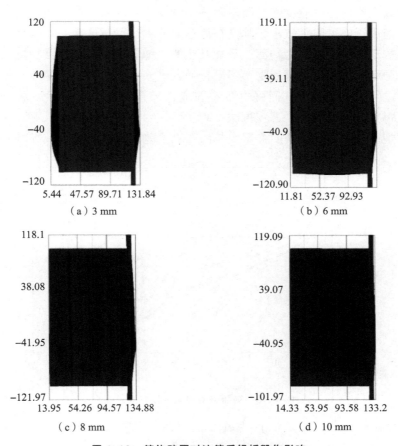

图 4.16　箱体壁厚对油箱后铝板毁伤影响

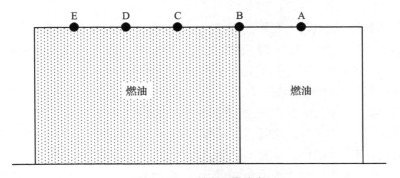

图 4.17　入射点位置分布

不同弹着点情况下弹丸速度变化如图 4.18 所示，从图中可以看出，弹着点对弹丸速度影响显著。入射点位于燃气层时（A 点），弹丸速度衰减特性与其他弹着点时的速度衰减特性显著不同。弹丸贯穿油箱前后壁面时,速度快速下降,但由于空气阻力较小,弹丸在液箱空气中运动时速度基本保持恒定,弹丸损失的动能主要转化为端面变形能及热能。弹着点位于燃气层和燃油层界面时,由于燃气和燃油对破片阻力不同,弹丸进入油箱后即发生偏转,开始离开燃油层进入燃气层中,同时弹丸姿态改变,导致弹丸碰撞油箱后端面姿态随机,且弹丸贯穿后端面时速度再次骤减。当入射点均位于液面以下时,弹丸速度衰减规律基本相同,说明弹着点与液面高度差对弹丸速度衰减影响较小。

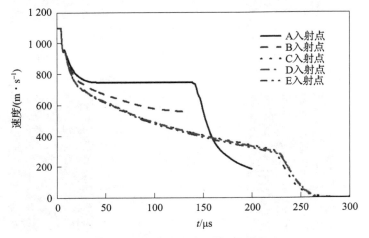

图 4.18　弹着点对弹丸侵彻速度影响

不同弹着点时,弹丸侵彻下液体内空腔形成过程差异显著,如图 4.19 所示。弹丸穿透油箱前壁面进入液体后即进入阻滞运动阶段,弹丸在液体拖曳阻力作用下逐渐减速,液体在弹丸扰动下开始流动并形成空穴。弹着点位于液面以下时,随着入射点与液面距离增加,空穴体积及相同轴向位置处空穴半径减小;而当弹着点位于液面上或液体/空气交界面时,未形成或无法形成规则空穴。弹着点对液体内压力及相应冲量影响如图 4.20～图 4.21 所示。当弹着点位于燃气层时,液体压力基本为零,当入射点在液体/空气界面及液面以下时,液体初始冲击压力随入射点与液面距离增加而提高。

不同弹着点条件下,油箱前、后铝板位移如图 4.22 所示。从图中可以看出,在弹丸撞击油箱后,油箱前铝板立即发生位移变形,而在初始阶段油箱后铝板变形并不明显。数值模拟结果发现当弹丸入射点位于燃气层已经燃气/燃油交界面时,前端面向油箱内部凹陷变形,当入射点位于燃油层时,前端面向外隆起。此外,当入射点位于燃油层时,壁面变形差异不大。

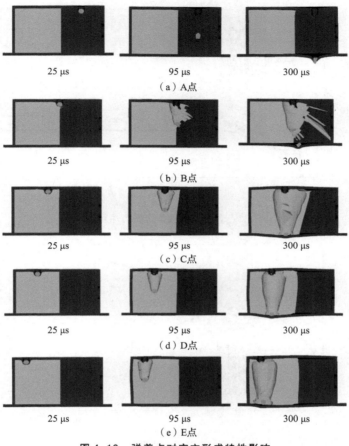

图 4.19 弹着点对空穴形成特性影响

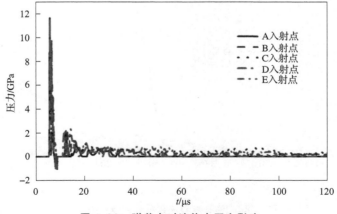

图 4.20 弹着点对液体内压力影响

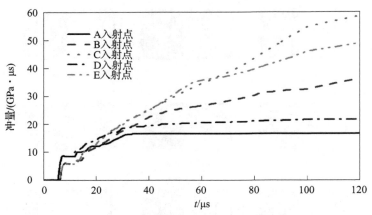

图 4.21 弹着点对液体内压力冲量影响

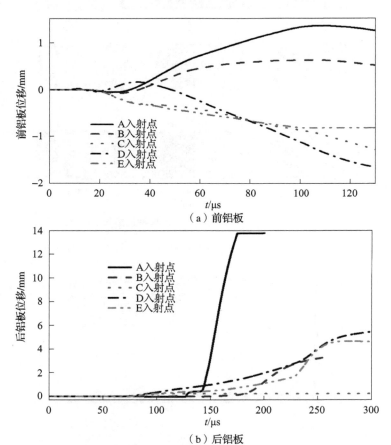

（a）前铝板

（b）后铝板

图 4.22 弹着点对油箱前后铝板位移影响

弹着点不同时，300 μs 时油箱整体结构毁伤如图 4.23 所示。弹着点位于油气层时，300 μs 弹丸已贯穿油箱后铝板；弹着点位于燃油/燃气交界面时，则仅油箱后铝板隆起。随着弹着点继续向下移动，后铝板变形、隆起变弱，但油箱整体变形加剧。这主要是因为，弹着点位于液面及液面下时，弹丸进入油箱将在液体内产生流体动压效应，从而加剧油箱结构变形及破坏。

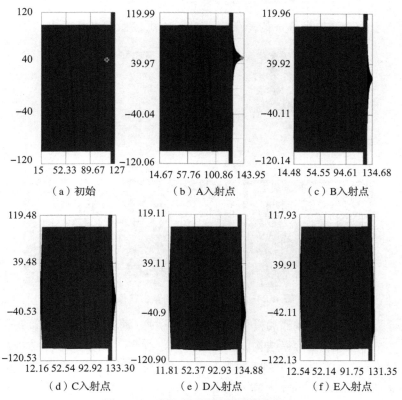

图 4.23　弹着点对油箱结构毁伤影响

4.3　引燃毁伤增强实验

活性弹丸碰撞油箱，除了可通过动能在油箱中形成流体动压水锤效应，更重要的是，活性毁伤材料会被冲击激活引发爆燃反应，释放大量化学能，从而显著增强了对燃油的引燃能力。本节主要介绍活性弹丸对油箱引燃毁伤增强实验方法、引燃毁伤增强效应及不同因素对引燃增强特性的影响。

4.3.1 实验方法

活性毁伤材料弹丸（即活性弹丸）侵彻油箱实验原理如图 4.24 所示。测试系统主要由弹道枪、计时仪、测速网靶、油箱、高速摄影等组成。弹道枪口径为 14.5 mm，活性毁伤材料弹丸安装于发射药筒，通过弹道枪发射，发射速度通过调整发射药量实现，发射速度通过距弹道枪一定距离的测速网靶测量。油箱固定于距弹道枪口 8 m 的靶架上，弹靶作用过程通过高速摄影系统记录。

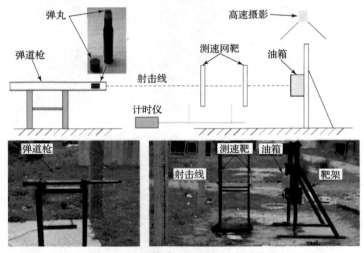

图 4.24　活性弹丸侵彻油箱实验原理

实验所用油箱包括满油油箱和非满油油箱两种。满油油箱包括焊接式与连接式两种类型。焊接式满油油箱结构如图 4.25 所示。油箱为典型立方体结构，由 6 块厚度均为 6 mm 的 2024 – T3 铝板焊接而成；油箱外尺寸和内尺寸分别为 200 mm × 200 mm × 112 mm 和 188 mm × 188 mm × 100 mm；油箱上端设有注油孔，燃油通过注油孔注入，所用燃油为 RP – 3 航空煤油或柴油，具体物理参数列于表 4.1。

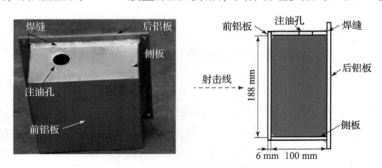

图 4.25　焊接式满油油箱结构

第4章 引燃毁伤增强效应

表 4.1 燃油物理参数

燃料	密度/(g·cm^{-3})	闪点/℃	可燃浓度/%	燃烧热/(kJ·g^{-1})
RP-3 航空煤油	0.8	38	0.7~5	≥42.8
柴油	0.85	≥55	0.7~5	≥38.8

连接式满油油箱结构如图 4.26 所示。油箱为典型圆柱形，主要由前端盖、环形侧板、后端盖及连接螺栓组成。油箱环形侧板材料为高强度钢，油箱前后端盖材料为 2024-T3 铝或 45 号钢。圆形铝板或钢板通过螺栓和密封圈与环形钢侧板相连接。油箱环形侧板厚 10 mm，前后端盖所用圆形铝板或钢板厚度均为 10 mm，燃油腔尺寸为 ϕ290 mm × 100 mm，装填燃油体积约 6.6 L。

图 4.26 连接式满油油箱结构

显著不同于满油油箱，非满油状态下，弹丸可能击中油箱内油气层、燃油层或油气界面，均会对油箱结构破坏及燃油引燃效应产生显著影响。

为对比分析油箱内燃油量对弹丸侵彻毁伤效应影响，基于焊接式油箱，对非满油油箱侵彻毁伤效应实验原理如图 4.27 所示。弹丸通过 14.5 mm 口径弹道枪发射，与一定距离处固定于靶架的非满油油箱作用。发射速度通过测速网靶测定，同时通过调整发射药量调节，作用过程通过高速摄影记录。与侵彻满油油箱不同，通过调整油箱高度，可实现对弹丸作用于油箱位置的调节。

4.3.2 引燃毁伤增强效应

1. 焊接式满油油箱

在对焊接式满油油箱毁伤效应实验中，惰性钢弹丸和活性毁伤材料弹丸尺寸均为 ϕ10 mm × 10 mm。活性毁伤材料弹丸采用 PTFE/Al/W 配方体系，密度与钢弹丸相当，为 7.8 g/cm^3，测试速度范围为 700~1 700 m/s。

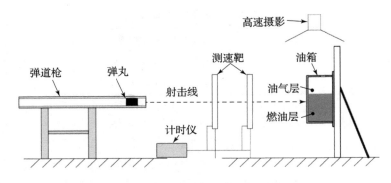

图 4.27 活性弹丸侵彻非满油油箱实验原理

实验中，依据油箱结构破坏模式及燃油引燃效应，油箱毁伤可分为焊缝开裂、油箱破裂和引燃三个等级。焊缝开裂是指油箱的焊缝部分开裂，燃油不仅能从弹丸侵孔中喷出，也能从开裂的焊缝中喷出，但油箱并未完全破裂；油箱破裂是指整个油箱结构遭到破坏并产生剧烈变形，燃油剧烈喷射泄漏；引燃是指在油箱破裂的基础上，燃油被成功点火并发展为持续燃烧。不同碰撞速度下惰性钢弹丸和活性毁伤材料弹丸对焊接式满油油箱毁伤效应列于表 4.2。

表 4.2 焊接式满油油箱毁伤效应实验结果

序号	弹丸类型	碰撞速度/(m·s⁻¹)	焊缝开裂	油箱破裂	引燃情况
1	活性毁伤材料弹丸	743	否	否	否
2		855	否	否	否
3		949	是	否	短暂燃烧
4		1 062	是	是	是
5		1 153	是	是	是
6		1 251	是	是	是
7	钢弹丸	1 326	是	否	否
8		1 649	是	是	是

从表 4.2 中可以看出，随着活性毁伤材料弹丸速度增加，焊接式满油油箱毁伤等级不断增加。活性毁伤材料弹丸速度低于 855 m/s 时，油箱结构未发生显著破坏，焊缝区域保持完好，燃油未发生点火及引燃；速度增加至 949 m/s 时，油箱焊缝发生开裂，燃油喷出，且发生了短暂燃烧；速度增加至

1 062 m/s 以上时,油箱结构完全破裂解体,燃油喷出,且发生剧烈燃烧。

活性毁伤材料弹丸以 1 153 m/s 速度撞击焊接式满油油箱过程的高速摄影如图 4.28 所示。可以看出,在 $t = 0.0$ ms 时,弹丸在撞击油箱前面板时发生明显激活,产生了大范围明亮火焰;在 $t = 2.0$ ms 时,弹丸击穿油箱前面板后,进入燃油内,通过动能与化学能的联合作用,使油箱焊缝发生开裂,油箱解体,大量燃油从油箱失效处喷溅而出,由于活性毁伤材料弹丸激活反应产生的火焰并未与喷出的燃油相接触,该时刻燃油未被引燃;$t = 7.0$ ms 时,油箱飞离靶架,燃油从中心区域处逐渐被引燃,并向整个燃油飞散区域蔓延。

图 4.28 活性弹丸以 1 153 m/s 速度撞击焊接式满油油箱过程高速摄影

钢弹丸以 1 326 m/s 速度撞击焊接式满油油箱过程的高速摄影如图 4.29 所示。可以看出,$t = 0.2$ ms 时,即钢弹丸初始撞击靶板时,产生亮度较低扩展区域较小的撞击火焰;由于缺乏活性毁伤材料弹丸化学能增强效应,在 $t = 2.0$ ms 时,钢弹丸仅造成油箱部分焊缝开裂,燃油喷出。后续撞击中,燃油进一步从注油孔、侵孔和油箱裂缝中喷出,但始终未被成功引燃。

（a）$t=0.2$ ms

（b）$t=2.0$ ms

（c）$t=8.0$ ms

（d）$t=232$ ms

图4.29　钢弹丸以1 326 m/s速度撞击焊接式满油油箱过程高速摄影

钢弹丸速度增加至1 649 m/s时对焊接式满油油箱毁伤效应如图4.30所示。可以看出，$t=0.2$ ms时，弹丸与油箱前面板撞击产生火焰；$t=0.6$ ms时，弹丸贯穿油箱前面板进入燃油内，造成油箱焊缝开裂及局部结构破坏。与活性毁伤材料弹丸不同，钢弹丸无法在油箱内形成"内点火源"，仅依靠撞击作用在油箱外所形成的高温场引燃燃油，即依靠撞击火焰与从开裂焊缝中喷出的燃油接触进而将其引燃，并随油箱完全破裂进一步发展为持续燃烧。

通过对比可以看出，撞击焊接式满油油箱时，相较于惰性钢弹丸，同等外形尺寸、质量的活性毁伤材料弹丸能够有效增强对油箱结构毁伤及对燃油引燃效应，体现了活性毁伤材料弹丸的引燃增强毁伤效应。

2. 连接式满油油箱

在对连接式满油油箱毁伤效应实验中，活性毁伤材料弹丸尺寸为$\phi 17$ mm×15.5 mm，质量为10 g。惰性金属弹丸材料为钨合金，质量与活性毁伤材料弹丸

图 4.30 钢弹丸以 1 649 m/s 速度撞击焊接式满油油箱过程高速摄影

相同,两种弹丸发射速度范围为 679～1 643 m/s。具体实验结果列于表 4.3,其中 8 发活性毁伤材料弹丸中 2 发未能引燃燃油,4 发引燃燃油,2 发导致油箱前后铝板失效、飞离,并引燃燃油,而 2 发钨合金弹丸均未能引燃燃油。

活性毁伤材料弹丸以 724 m/s 速度撞击连接式满油油箱毁伤效应如图 4.31 所示。由于碰撞速度较低,活性毁伤材料弹丸未能贯穿油箱前端面铝板,仅造成一定程度机械毁伤,且未引燃燃油。活性毁伤材料弹丸碰撞速度增加至 1 080 m/s 时,典型油箱毁伤效应与撞击过程高速摄影分别如图 4.32 和图 4.33 所示。活性毁伤材料弹丸以 1 080 m/s 速度撞击油箱后被激活,反应产生剧烈火焰,在油箱周围形成高温场,油箱前后铝板均出现了明显外鼓变形,燃油从侵孔及油箱破坏处喷出后立即被点燃,喷射流至地面的燃油继续燃烧。活性毁伤材料弹丸以 1 427 m/s 速度撞击油箱时,典型油箱毁伤效应与撞击过程高速摄影分别如图 4.34 和图 4.35 所示。油箱前后铝板变形严重,螺栓断裂,前后铝板飞离油箱,喷出的燃油被成功引燃。

表4.3 两种弹丸撞击连接式满油油箱实验结果

序号	弹丸类型	碰撞速度/(m·s⁻¹)	实验现象
1		679	弹丸未贯穿前铝板
2		724	燃油未引燃
3		1 080	
4	活性毁伤材料弹丸	1 127	油箱铝板外鼓,部分螺栓失效断裂
5		1 163	燃油燃烧
6		1 365	
7		1 427	燃油燃烧,油箱两端铝板飞离
8		1474	
9	钨合金弹丸	1 635	弹丸贯穿前后铝板,燃油未燃烧
10		1 643	

图4.31 活性弹丸以724 m/s速度撞击连接式满油油箱毁伤效应

图4.32 活性弹丸以1 080 m/s速度撞击连接式满油油箱毁伤效应

第4章 引燃毁伤增强效应

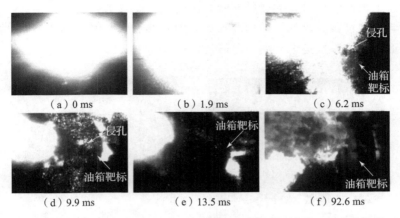

图4.33 活性弹丸以1 080 m/s速度撞击连接式满油油箱过程高速摄影

图4.34 活性弹丸以1 427 m/s速度撞击连接式满油油箱毁伤效应

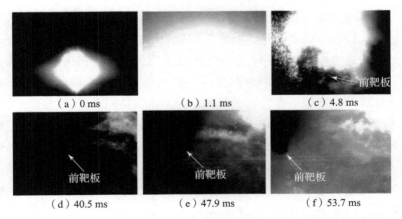

图4.35 活性弹丸以1 427 m/s速度撞击连接式满油油箱过程高速摄影

钨合金弹丸在1 643 m/s速度时对油箱典型毁伤效应及高速摄影分别如图4.36和图4.37所示。可以看出，初始撞击时，弹丸在油箱前面处产生高温,但由于毁伤机理及点火能量有限,侵孔附近温度迅速降低。弹丸对油箱前后面板均造成贯穿,燃油从前后面板穿孔中高速喷出。但油箱前后面板未发生显著变形,螺栓连接处未发生显著破坏,燃油未被引燃。

图 4.36　钨合金弹丸以 1 643 m/s 速度撞击连接式满油油箱毁伤效应

(a) 0 ms　　　　　　　(b) 0.1 ms　　　　　　　(c) 0.7 ms

图 4.37　钨合金弹丸以 1 643 m/s 速度撞击连接式满油油箱高速摄影

对焊接式和连接式满油油箱毁伤效应对比表明,相较于惰性金属弹丸,活性毁伤材料弹丸体现出显著的对油箱结构毁伤增强和对燃油引燃增强效应。从机理角度看,惰性金属弹丸对油箱的毁伤效应仅依靠弹丸动能,弹丸进入油箱后,虽然剩余速度较高,燃油也会一定程度雾化及热解,但由于侵彻通道中含氧量低,使得油雾及热解产物与空气混合浓度难以达到可燃极限范围。因此,在现象上体现为燃油难以在惰性金属弹丸的冲击下被引燃。

活性毁伤材料弹丸则不同,其在与油箱高速碰撞过程中会被激活,而后侵入油箱并发生化学反应,释放大量化学能,使弹丸可通过动能侵彻和内爆化学能效应的联合作用,增强对燃油的引燃能力。从作用过程角度看,活性毁伤材料弹丸对油箱毁伤过程主要包括机械贯穿、油箱鼓包、油箱断裂和燃油燃烧等阶段。首先,活性毁伤材料弹丸利用动能,贯穿油箱面板并进入油箱内部,由于受活性材料碎片和油箱箱体崩落碎块的冲击作用,油箱内燃油温度及压力升高,造成一定程度的燃油雾化及热解。随后,碰撞过程中被激活的活性材料在侵彻通道内发生剧烈化学反应,释放出大量化学能,导致油箱内温度及压力进一步升高，导致油箱结构被破坏。该阶段显著受碰撞速度影响，速度越高，活性毁伤材料反应越完全，内爆效应越明显，释放化学能越多，对油箱造成结构破坏越严重。此外，箱体内燃油雾化、裂解产生的高温燃油从侵孔喷出，油箱结构变形及解体进一步为燃油与空气充分接触提供了条件。燃油雾化、喷出，在活性毁伤材料反应释能作用下，体现出显著引燃增强效应。

4.3.3　引燃增强影响特性

相较于惰性弹丸，活性弹丸体现出显著的对油箱结构的毁伤增强效应及对燃油的引燃增强效应，且显著受弹丸碰撞速度、燃油填充状态影响。

1. 弹丸碰撞速度

不同碰撞速度下，活性弹丸对焊接式满油油箱结构毁伤及燃油引燃状态影响列于表 4.4。可以看出，碰撞速度对毁伤效果影响显著。活性弹丸以 855 m/s 速度撞击油箱过程的高速摄影如图 4.38 所示。

表 4.4　活性弹丸对焊接式满油油箱毁伤结果

序号	碰撞速度/(m·s^{-1})	焊缝开裂	油箱破裂	引燃情况
1	743	否	否	否
2	855	否	否	否
3	949	是	否	短暂燃烧
4	1 062	是	是	是
5	1 153	是	是	是
6	1 251	是	是	是

活性弹丸首先依靠动能撞击并侵彻油箱前面板，在该过程中，弹丸发生一定程度碎裂并被激活，在前面板处形成局部高温场，产生明亮火光。贯穿油箱前面板后，剩余活性弹丸和活性碎片进入油箱内，继续侵彻箱体内部燃油，并将自身动能传递给液态燃油，与此同时，被激活的活性材料将在弹丸侵彻通道内发生化学反应，释放材料所含化学能与大量气体产物，进一步增加侵彻通道内的压力。在动能和化学能联合作用下，油箱内液态燃油开始径向流动，所产生的动态动压场作用于油箱各壁面，造成油箱结构变形。然而，由于碰撞速度过低，流体动压效应不够显著，无法造成油箱焊缝开裂，除前面板被弹丸贯穿留下穿孔外，油箱其余部分基本保持完好。在此情况下，液态燃油仅从油箱前

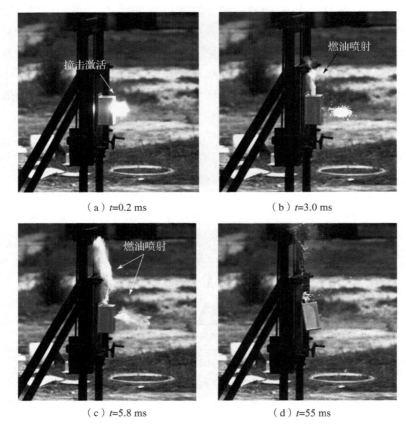

图 4.38 活性弹丸以 855 m/s 速度撞击油箱过程高速摄影

面板穿孔和注油孔中喷出,且燃油未能被引燃。

速度增加至 949 m/s 时,活性弹丸对油箱撞击过程的高速摄影如图 4.39 所示。随碰撞速度提高,撞击前面板时更多活性材料被激活,反应产生更明亮火光,高温场范围更广,如图 4.39 (b) 所示。由于此时弹丸具有更大动能,更多活性材料被激活后引发爆燃反应,因此油箱内流体动压效应得以显著提升,从而造成油箱焊缝局部开裂。在此情况下,燃油同时从开裂焊缝及注油孔中喷出,并与周围的空气混合形成一定量油气混合物,如图 4.39 (c) 所示。随后,在活性弹丸撞击前面板后所形成的爆燃火焰熄灭之前,部分油气混合物成功与爆燃火焰相接触,从而成功被引燃,如图 4.39 (d)~(f) 所示。由于此时油箱仍未完全破裂解体,燃油无法继续喷出,因此燃油燃烧无法持续且逐渐熄灭,导致最终燃油仅从前面板侵孔中泄漏流出,如图 4.39 (g)~(h) 所示。

第 4 章 引燃毁伤增强效应

图 4.39 活性弹丸以 949 m/s 速度撞击油箱过程高速摄影

随着弹丸碰撞速度继续增加至 1 062 m/s 或更高,毁伤行为变得更为复杂,如图 4.40 所示。在该速度下更多活性材料被激活,形成的高温火焰场完全覆盖油箱前面板。活性弹丸贯穿油箱前面板后,撞击引发的更为剧烈的化学能释放将进一步提升油箱内流体动压效应,并最终导致油箱完全破裂。随后液态燃油将沿与油箱背板近似平行方向高速喷出,形成大范围油气混合物。但值得注意的是,此时所形成的油气混合物并未能与之前所形成的爆燃火焰相接触,如图 4.40(c)所示。实际上,在油箱完全破裂的条件下,油气混合物的点火有其特殊性,如图 4.40(d)~(f)所示,清晰可见油箱内部存在"内点火源",且不断成长。激活后的活性材料在燃油内部时会一定程度上引燃侵彻通道内的燃油,若油箱未完全破裂,则在侵彻通道内的燃烧会因为氧气不足而很快熄灭。然而,若油箱完全破裂,所有的燃油将会暴露于空气中,并形成理想的油气混合物场,充足的氧环境将引起"内点火源"的不断成长,并最终引燃周围的燃油,进一步发展为持续燃烧。

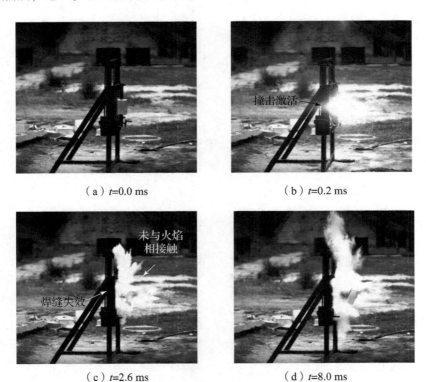

图 4.40　活性弹丸以 1 062 m/s 速度撞击油箱过程高速摄影

(e) $t=16$ ms　　　　　　　　(f) $t=23$ ms

(g) $t=40$ ms　　　　　　　　(h) $t=374$ ms

图 4.40　活性弹丸以 1 062 m/s 速度撞击油箱过程高速摄影（续）

由此可见，碰撞速度对活性弹丸撞击油箱时的破裂效果影响显著，而油箱的引燃毁伤行为又与油箱的结构破坏密切相关。当活性弹丸碰撞速度较低而不足以造成油箱完全破裂时，难以引燃燃油，或即使开始引燃了燃油，其燃烧也会很快熄灭；而当碰撞速度足够引起油箱完全破裂时，弹丸在油箱内部会形成一个"内点火源"，且此时燃油能与空气充分混合并形成油气混合物，最终成功点燃燃油并发展为持续燃烧。

2. 燃油填充状态

除弹丸碰撞速度外，油箱内燃油填充状态同样对毁伤效果有显著影响。活性弹丸撞击焊接式非满油油箱实验结果列于表 4.5。非满油油箱实验中，通过注油孔向油箱内注入部分燃油，保持最终油箱内部燃油液面高度为 100 mm，即燃油填充比约为 0.53。实验所用活性弹丸为圆柱形，与满油油箱实验完全相同，即尺寸为 $\phi 10$ mm × 10 mm，密度约 7.8 g/cm^3。

表 4.5　活性弹丸撞击焊接式非满油油箱实验结果

序号	碰撞速度/(m·s⁻¹)	命中位置	焊缝开裂	油箱破裂	引燃情况
1	690	燃油层	否	否	否
2	1 112	燃油层	否	否	否
3	1 108	油气层	是	是	是
4	1 192	油气层	否	否	否
5	1 331	油气层	否	否	否
6	1 679	油气层	是	是	是

与满油油箱显著不同的是，撞击非满油油箱时，活性弹丸的命中位置可分为命中燃油层与油气层两种情况，而命中不同位置时的毁伤行为也截然不同。活性弹丸以 690 m/s 速度撞击焊接式非满油油箱过程的高速摄影如图 4.41 所示。撞击油箱前面板后，由于活性弹丸强度较低，发生了明显碎裂，产生大量

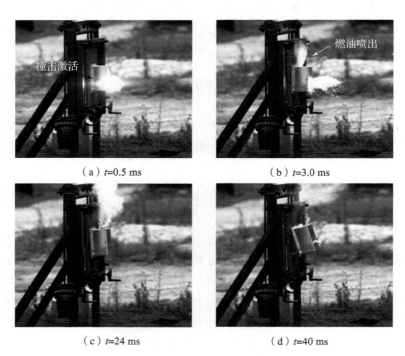

(a) t=0.5 ms　　　　　　　(b) t=3.0 ms

(c) t=24 ms　　　　　　　(d) t=40 ms

图 4.41　活性弹丸以 690 m/s 速度撞击焊接式非满油油箱过程高速摄影

碎片，其中较小碎片被激活并发生爆燃，在油箱外形成了局部高温场，产生明亮火焰。由于命中位置为燃油层，活性弹丸贯穿油箱前面板后，剩余活性弹丸和多数活性碎片将进入油箱内部，并将自身动能传递给液态燃油。与此同时，侵彻过程中被激活的活性材料将在活性弹丸侵彻通道内发生化学反应，释放化学能与大量气体产物，进一步增加侵彻通道内的压力。在动能和爆炸化学能的联合作用下，燃油开始径向流动，部分燃油从注油孔中喷出。但与满油油箱不同的是，由于非满油油箱内部燃油自由表面的存在，一方面，侵彻过程中所产生的冲击波在自由表面处发生反射，导致冲击压力降低；另一方面，自由表面的存在使得液态燃油受扰动后有了较大的运动空间，从而减弱了燃油与油箱壁面之间的相互撞击作用。因此，活性弹丸在命中非满油油箱燃油层时，油箱各壁面压力载荷远低于满油油箱。同时，在后续撞击中，未造成油箱焊缝开裂。3.0 ms 时，活性弹丸撞击前面板所产生的爆燃火焰熄灭，从注油孔中喷出的燃油无法接触有效点火源，从而无法被引燃。因此，最终油箱结构仍基本保持完好，只导致了部分燃油从注油孔以及前面板侵孔处泄漏。

活性弹丸以 1 112 m/s 速度撞击焊接式非满油油箱燃油层的高速摄影如图 4.42 所示。活性弹丸速度显著提高后，撞击前面板时发生了更为显著碎裂与激活，产生了更为明亮且扩展范围更大的爆燃火焰，同时可观察到大量碎片向后喷出。但与碰撞速度为 690 m/s 时类似，燃油自由表面的存在将使弹丸撞击燃油时对油箱结构的损伤大幅下降，油箱发生明显的结构失效，同样只是导致部分燃油从注油孔中喷出。而油箱未完全破裂同样使得燃油无法接触有效点火源，最终只导致了燃油泄漏，且未引燃燃油。

（a）t=0.5 ms

（b）t=1.0 ms

图 4.42 活性弹丸以 1 112 m/s 速度撞击焊接式非满油油箱燃油层高速摄影

(c) $t=15$ ms　　　　　　　　(d) $t=40$ ms

图 4.42　活性弹丸以 1 112 m/s 速度撞击焊接式非满油油箱燃油层高速摄影（续）

　　活性弹丸以 1 108 m/s 速度撞击焊接式非满油油箱油气层的高速摄影如图 4.43 所示。由于弹丸命中位置为油箱内液态燃油自由表面以上，弹丸在贯穿油箱前面板后并未在燃油内部继续运动，因此并无燃油从注油孔中喷出，这与命中燃油层时截然不同。但弹丸此时依旧在撞击下发生了明显激活，同样产生了局部高温场与爆燃火焰。弹丸贯穿前面板后将大量高温碎片带入油箱内部，同时继续发生爆燃反应，而油气层在接触到这一有效点火源后被立刻引燃，火焰在弹丸爆燃所形成的高压作用下从注油孔处向外喷出。2.5 ms 时，在活性材料爆燃所带来的超压作用下，油箱侧板与后面板之间的焊缝发生明显失效，部分引燃后的油气从焊缝开裂处喷出。此后，油箱其余部分的焊缝逐渐失效，油箱后面板与其余结构脱离，油箱结构完全失效。油箱内原有油气层在被引燃后逐渐消耗完毕，内部燃油大面积向外喷溅，并与周围空气混合形成额外油气混合物。在被引燃油气高温作用下，油气混合物被成功引燃。随油箱结构进一步破坏，更多的燃油喷出与周围空气相混合，最终发展为持续燃烧。

(a) $t=0.5$ ms　　　　　　　　(b) $t=1.0$ ms

图 4.43　活性弹丸以 1 108 m/s 速度撞击焊接式非满油油箱油气层高速摄影

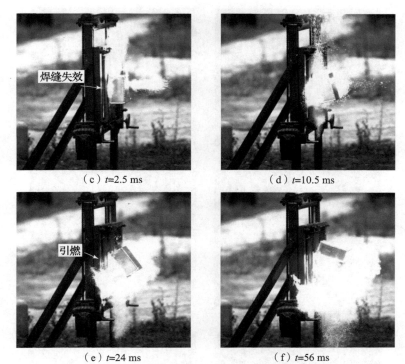

图 4.43 活性弹丸以 1 108 m/s 速度撞击焊接式非满油油箱油气层高速摄影（续）

速度进一步提高至 1 192 m/s，活性弹丸撞击油箱油气层的高速摄影如图 4.44 所示。由于没有液态燃油黏性阻力作用，活性弹丸在贯穿油箱前面板后，成功贯穿了油箱后面板。与 1 108 m/s 时相类似，油气层被引燃，在爆燃超压作用下，引燃后的油气火焰从注油孔、前板侵孔以及后面板侵孔三个方向同时喷出。但值得注意的是，此时油箱焊缝处却未发生明显失效，除上述三个方向外，并无油气火焰或液态燃油从油箱其余部位处喷出。由于此时油箱结构未完全被破坏，随着油气层消耗，火焰也逐渐熄灭。最终，只造成了油箱前后面板穿孔，且由于命中位置为油气层，撞击后并无燃油泄漏。

速度继续提高至 1 679 m/s，活性弹丸作用于油气层的高速摄影如图 4.45 所示。碰撞速度进一步提高，弹丸贯穿了油箱后面板，由于弹丸撞击前面板时已有大量活性材料被激活，因此后面板侵孔所造成的活性材料损失较小。于是，大部分活性材料仍可在油箱内部发生爆燃反应，释放大量化学能以及气体产物，从而显著提升油箱内超压。油气层被弹丸所产生的高温场成功引燃，火焰同时从注油孔、前面板侵孔、后面板侵孔以及失效焊缝处向外喷出。随油箱完全破裂，火焰由油气层逐渐扩展至燃油层，最终成功引燃油箱内燃油。

图 4.44 活性弹丸以 1 192 m/s 速度撞击焊接式非满油油箱油气层高速摄影

图 4.45 活性弹丸以 1 679 m/s 速度撞击焊接式非满油油箱油气层高速摄影

(c) t=3.0 ms　　(d) t=9.0 ms
(e) t=16.5 ms　　(f) t=50.0 ms
(g) t=140 ms　　(h) t=349 ms

图 4.45　活性弹丸以 1 679 m/s 速度撞击焊接式非满油油箱油气层高速摄影（续）

上述实验结果表明，在对非满油油箱进行撞击时，活性弹丸的命中位置与碰撞速度对最终毁伤结果均有着至关重要的影响。就命中位置而言，命中燃油层时，由于燃油自由表面的存在，弹丸能量难以通过燃油传递并作用至油箱各壁面，也就更难以对油箱结构造成有效毁伤，且引燃燃油所需点火源较为缺乏，在油箱结构没有明显失效的情况下，喷出的燃油将无法被引燃。而弹丸命中油气层时，一方面，活性材料爆燃所产生的超压可直接作用于油箱各壁面，或通过燃油层传递至油箱各壁面，从而提高了使油箱发生完全破裂失效的可能；另一方面，油箱油气层内含有大量的可燃油气混合物，一旦弹丸成功贯穿油箱前面板进入油气层，这部分油气便能很快被引燃，而引燃后的油气是极为可靠的点火源，也就极大地增加了后续引燃燃油的可能。

更重要的是，命中油气层时，油箱毁伤效果对弹丸碰撞速度极为敏感。当弹丸速度足以贯穿油箱前面板并激活大部分活性材料，但不足以贯穿后面板时，活性材料爆燃反应释放的能量及其超压效应能够较好地作用于油箱结构，从而增强对油箱结构的破坏。而在油气极易引燃的前提下，油箱结构能否完全破裂是引燃燃油的关键。而当弹丸速度足以同时贯穿油箱前后面板时，后面板侵孔会造成一定程度上的活性材料损失以及增强油箱的泄压效应，从而削弱弹丸对油箱结构的毁伤能力，不利于后续引燃。因此，在活性弹丸撞击焊接式非满油油箱时，命中油气层将显著提升对油箱结构的毁伤效果，且当弹丸碰撞速度稍低于或远高于贯穿后面板临界速度时，弹丸对燃油的引燃效果较为理想。

4.4　引燃毁伤增强机理

活性毁伤材料弹丸对油箱毁伤增强效应主要体现在对油箱结构的毁伤增强及对箱体内燃油的引燃增强。本节主要基于满油和非满油油箱引燃毁伤增强实验，重点分析油箱爆裂增强机理和燃油点火增强机理。

4.4.1　油箱爆裂增强机理

与惰性金属弹丸相比，活性弹丸对油箱结构造成的破坏更为严重，对燃油引燃概率更高，作用过程更为复杂。一方面，在油箱内所发生的化学反应会增强油箱内的流体动压效应，同时，化学反应所带来的高温场能够为引燃提供额外点火源；另一方面，对于活性弹丸而言，碰撞速度对其引燃油箱的行为有着重要影响。实验结果表明，只有当油箱完全破裂时，活性弹丸所引发的点火才能发展为有效的持续燃烧。活性弹丸撞击并引燃油箱过程可分为四个典型阶段：初始撞击激活阶段、空穴内爆燃阶段、结构破裂增强阶段和引燃阶段。

（1）初始撞击激活阶段。与惰性金属弹丸相类似，活性弹丸撞击油箱后，将形成初始冲击波分别向前和向后传播入油箱壁和活性弹丸。受到冲击作用后

第 4 章 引燃毁伤增强效应

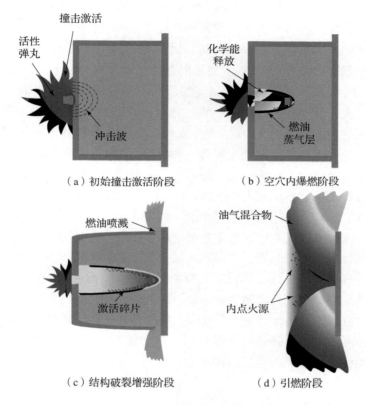

图 4.46 活性毁伤材料弹丸引燃油箱过程

的活性弹丸将被压缩并发生碎裂，部分较为细小的活性碎片将被激活并在油箱外发生局部爆燃，产生明亮的爆燃火焰。除部分碎片外，剩余的活性弹丸和多数碎片将在贯穿油箱壁后进入油箱内部。在此撞击过程中，所形成的冲击波将对撞击点附近的油箱壁面造成一定破坏，但由于冲击波作用时间过短，故往往无法对油箱其余结构造成严重损伤，如图 4.46（a）所示。

（2）空穴内爆燃阶段。在活性侵彻体以及多数碎片成功贯穿油箱前壁面后，将进入油箱内部液态燃油中继续运动。一方面，活性弹丸速度将在液态燃油的拖曳阻力作用下发生显著衰减，并同时将自身动能传递给周围燃油，燃油受扰动后将在油箱内流动，从而形成包围弹丸的空穴；另一方面，被激活后的活性碎片将在空穴内继续发生剧烈化学反应，释放热量和气体产物，进一步增强流体动压效应，同时促进空穴扩展，如图 4.46（b）所示。

（3）结构破裂增强阶段。随活性弹丸与燃油进一步作用，多数活性材料碎片已被激活，并在空穴内发生爆燃反应。与此同时，径向流动的液态燃油将以一定速度冲击油箱各壁面,油箱壁面在流体的冲击作用下发生一定程度塑性变形及结构失效,如焊接式油箱的焊缝开裂或结构断裂,连接式油箱的螺栓断裂以及前后铝板飞离等。在该情况下,燃油将从油箱结构失效处喷出、雾化,并与周围空气充分混合形成燃油/空气混合物,如图4.46(c)所示。

(4) 引燃阶段。在空穴内发生高温反应的活性材料将周围的燃油加温至引燃所需温度,从而在油箱内部形成"内点火源"。待油箱结构完全失效解体后,燃油将完全暴露在空气中,"内点火源"也随之成长并进一步引燃周围的燃油,最终发展为持续性燃烧。需要说明的是,"内点火源"的成长是以油箱结构的完全失效解体为前提,若油箱未完全失效解体,即内部燃油未能与周围空气充分接触混合,那么由于空穴内氧含量较低,该"内点火源"将在油箱内逐渐熄灭,从而无法进一步引燃燃油,如图4.46(d)所示。

此外,在撞击过程中燃油雾化效果也对引燃行为有重要影响。弹丸碰撞速度越高,燃油雾化效果越好,也越容易被引燃。若弹丸碰撞速度较低,甚至不足以使油箱发生完全失效,此时从油箱中喷出的雾化燃油将十分有限,将导致燃油无法被引燃或燃烧只能短暂维持。

与惰性金属弹丸相比,由于活性弹丸的独特冲击激活特性,故其对油箱的毁伤行为也更加复杂。通过结合惰性弹丸毁伤模型与活性弹丸冲击激活特性,可建立活性弹丸撞击满油油箱作用模型,如图4.47所示。

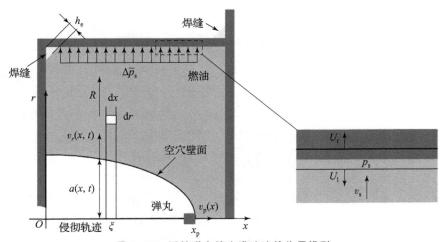

图4.47 活性弹丸撞击满油油箱作用模型

在活性弹丸贯穿油箱前壁面后,以剩余速度 v_{p0} 继续在液态燃油内沿 $+x$ 方向运动。基于能量和动量守恒,弹丸剩余速度表述为

$$v_{p0} = \frac{m_p}{m_p + m} \sqrt{v_0^2 - v_L^2} \qquad (4.45)$$

式中,v_0、v_{p0}、m_p 分别为弹丸的初始速度、剩余速度及质量;m 为塞块质量,v_L 为弹丸侵彻油箱前壁面的弹道极限速度,可由 THOR 方程描述为

$$v_L = \alpha (h_t A_p)^\beta m_p^\gamma \tag{4.46}$$

式中,h_t 为油箱迎弹面壁厚,cm;A_p 为弹丸截面积,cm²;m_p 为弹丸质量,g;α、β、γ 为经验常数,基于活性弹丸侵彻铝靶实验数据,相应 α、β、γ 值分别为 1 855.7、0.414 3 和 -0.554 9。

活性弹丸在燃油中的运动速度 v_p 与运动距离的关系可表述为

$$v_p(x) = v_{p0} \cdot \exp\left(-\frac{SC_x \rho_1}{2 m_p} x\right) \tag{4.47}$$

式中,ρ_1 为液态燃油密度;C_x 为阻力系数。

活性弹丸在燃油中的运动速度 v_p 与运动时间的关系可表述为

$$v_p(t) = \frac{v_{p0}}{1 + [v_{p0} SC_x \rho_1/(2 m_p)] t} \tag{4.48}$$

同样地,基于能量守恒定律,可对弹丸侵彻下的空穴形成过程进行描述。与惰性弹丸不同的是,活性弹丸在侵彻过程中,不仅将自身动能传递给周围燃油,同时也将爆燃反应化学能传递给燃油。因此,活性弹丸侵彻空穴形成过程中,弹丸的动能、化学能及燃油动能、势能间满足能量守恒定律

$$\left(\frac{dE_p}{dx} + \frac{dE_c}{dx}\right)_\xi dx = [4\pi \rho_1 \xi^2 \ln(R/a)] dx + \pi [p_0(x) - p_c(x)] a^2 dx \tag{4.49}$$

式中,dE_p/dx 为弹丸在 x 处的动能变化率;dE_c/dx 为弹丸在 x 处的化学能释放率;等号右边两项分别为 ξ 处液态燃油的动能与势能;ξ 为燃油介质微元宽度;R 为燃油受扰动的最大范围;a 为与微元对应位置处空穴半径;$p_0(x)$ 为空腔内介质初始压力;$p_c(x)$ 为空腔表面压力。

弹丸在 x 处的动能变化率为

$$\frac{dE_p}{dx} = \frac{\rho_1 A_p C_x v_p^2}{2} \tag{4.50}$$

对于活性材料的化学能释放过程,假设弹丸在液态燃油中的化学能释放速率为常数。基于化学能释放率为常数的假设,dE_c/dx 可表述为

$$\frac{dE_c}{dx} = \frac{E_{\text{total}}}{t_d v_p} \tag{4.51}$$

式中,E_{total} 为侵彻过程中活性材料总化学释放能;t_d 为化学能释放持续时间。

类似地,定义 $p_g = p_0(x) - p_c(x)$,并定义变量 $A(x)$ 和 $B(x)$ 为

$$A^2(x) = \frac{1}{\pi p_g}\left(\frac{dE_k}{dx} + \frac{dE_c}{dx}\right)_\xi, \quad B^2(x) = \frac{p_g}{\rho_1 \ln(R/a)} \tag{4.52}$$

结合空穴壁的边界条件为 $v_r|_{r=a} = \dot{a}$,以及弹丸处边界条件 $a = d_p/2|_{t=t_r}$,活

性弹丸侵彻下所形成的空穴半径可表述为

$$a(x,t) = \sqrt{A^2(x) - \left[\sqrt{A^2(x) - (d_p/2)^2} - B(x)(t-t_p)\right]^2} \quad (t > t_p) \tag{4.53}$$

式中，d_p 为弹丸直径；t_p 为弹丸到达 x_p 处所用的时间。

相应地，空穴壁面速度可表示为

$$v_r(x,t) = \frac{B(x)\left[\sqrt{A^2(x) - (d_p/2)^2} - B(x)(t-t_p)\right]}{\sqrt{A^2(x) - \left[\sqrt{A^2(x) - (d_p/2)^2} - B(x)(t-t_p)\right]^2}} \tag{4.54}$$

空穴形成后，空穴壁面所受扰动将逐渐传递扩展，随后液态燃油将以一定的速度 v_s 流向油箱侧壁，在其与油箱侧壁发生撞击后，将产生冲击波并传入油箱侧壁中，侧壁也将因此承受一定的压力载荷。

基于一维碰撞理论，侧壁面所受撞击压力 p_s 可表述为

$$p_s = v_s \frac{\rho_p(c_p + s_p u_p) \cdot \rho_t(c_t + s_t u_t)}{\rho_p(c_p + s_p u_p) - \rho_t(c_t + s_t u_t)} \tag{4.55}$$

式中，v_s 为油箱侧壁附近的燃油速度；ρ、c、s 分别为材料密度、声速以及材料常数，下标 p、t 分别代表弹丸与油箱壁面材料。

油箱侧壁附近的燃油运动速度可表述为

$$v_s = \frac{a}{r_s} v_r \tag{4.56}$$

式中，r_s 为油箱侧壁与弹丸侵彻轨迹之间的距离。

以实验所用焊接式油箱为例，焊缝失效准则为

$$\tau_\perp = \frac{\overline{p_s}}{2h_e} \geq \sigma_\tau \tag{4.57}$$

式中，$\tau_\perp$ 为焊缝中剪切应力；$\overline{p_s}$ 为弹丸运动到油箱后壁面时作用在侧壁上的等效平均压力；h_e 为焊缝等效宽度；σ_τ 为焊缝剪切强度。

基于上述模型，可对活性弹丸撞击下油箱结构响应进行分析。以前述焊接式满油油箱为例，活性弹丸碰撞速度对油箱侧板上平均压力的影响如图 4.48 所示。图中虚线为油箱破坏失效的临界压力值。由图可知，该临界值与压力曲线相交于 947 m/s，即模型给出的活性弹丸造成油箱破裂的理论临界速度。经过进一步分析可知，当碰撞速度低于侵彻油箱前壁面的弹道极限速度时，活性弹丸将不能穿透油箱壁，相应的能量将不能有效传递到油箱上，即对应于压力曲线的起点速度值。而碰撞速度高于弹道极限速度时，作用在油箱侧壁的平均压力将随着弹丸碰撞速度的提升而连续上升。对比已有实验结果可知，对于活性弹丸，实验获得临界破裂速度高于理论值，其原因在于：一方面，理论模型中忽略了撞击油箱前壁面时弹丸碎裂消耗的能量，且未考虑溅射在油箱外的材料损

失;另一方面,侵彻过程中高温活性材料的一部分化学能将以热传导形式向液态燃油进行传递,从而造成实验临界速度与理论之间的偏差。

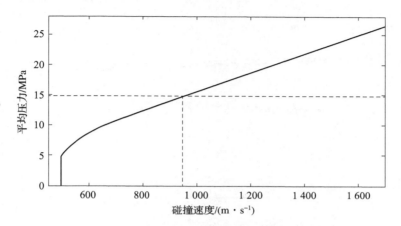

图 4.48　油箱侧壁平均压力与弹丸碰撞速度关系

活性弹丸初始碰撞速度对燃油中空穴形状影响如图 4.49 所示。从图中可以看出,随着活性弹丸速度提高,液态燃油径向流动速度加快,空穴体积也有所增加。相同时刻下,活性弹丸碰撞速度为 1 062 m/s 时形成的空腔体积为 855 m/s 条件下空腔体积的 1.45 倍。相应地,活性弹丸碰撞速度为 1 062 m/s 时在侧壁上形成的平均压力为 855 m/s 条件下平均压力的 1.25 倍。实验与理论分析均表明,尽管活性弹丸穿透油箱前壁面的弹道极限速度要高于钢弹丸,但只要活性弹丸能够成功穿透油箱前壁面,其导致油箱破裂所需的临界速度要远低于钢弹丸。此外,结合实验结果可知,碰撞速度还对撞击后油箱内燃油的雾化效果有显著影响。当活性弹丸的碰撞速度由 855 m/s 增加到 1 062 m/s 时,燃油向外喷溅的速度迅速上升,且雾化效果也逐渐提升。换言之,随着碰撞速度的提高,活性弹丸的动能和化学能释放均显著提高,造成油箱侧壁面上的平均压力显著增高,油箱焊缝开裂失效也更为严重,燃油喷出后的雾化效果也更好,这将有利于燃油的引燃,从而提升对油箱结构的毁伤。

4.4.2　燃油点火增强机理

活性弹丸撞击非满油油箱时的点火行为可分为两种典型情况,如图 4.50 所示。第一种情况,活性弹丸成功贯穿油箱壁,并进入油箱内油气层部分。这种情况下,活性弹丸在撞击油箱壁时将发生碎裂并被激活,激活的活性材料发生剧烈爆燃反应,形成一定范围的高温场。与此同时,高温反应的活性碎片在

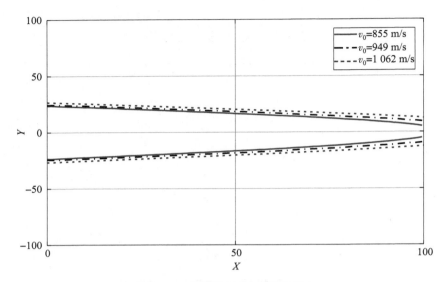

图 4.49 碰撞速度对空穴形状影响

运动过程中将通过对流热传导方式将其热量传递给周围油气混合物,在油气浓度适宜的情况下,活性碎片极易引燃油箱内的油气混合物。第二种情况,活性弹丸贯穿油箱壁,并进入油箱内燃油层。撞击激活后的活性弹丸直接进入液体燃油内,一方面,弹丸在液态燃油阻力作用下减速,弹丸部分动能转化为燃油动能,在液态燃油内形成空穴,并造成油箱壁一定程度的变形;另一方面,高温反应的活性材料在燃油内运动时,将以对流热传导和热辐射的形式将热量传递给周围燃油,引起燃油的升温与汽化,并形成高温气泡,高温气泡在液体燃油中上升,待其运动至燃油层自由表面处时,同样有可能引燃油气层。

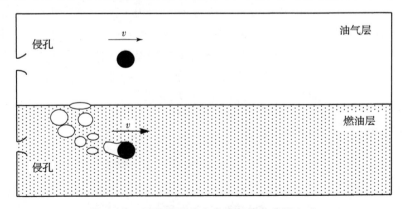

图 4.50 活性弹丸撞击非满油油箱典型方式

研究表明，侵彻弹丸引燃燃油需要满足一定条件。在油气混合物浓度适宜前提下，引燃还需要足够温度。对活性弹丸引燃燃油而言，需能在可燃浓度范围内的油气混合物加热至引燃所需温度并维持一定时间，这段时间也称为点火延迟时间。基于阿伦尼乌斯活化能方程，航空煤油点火判据表述为

$$t_i = A \cdot \exp\left(\frac{E}{TR}\right) \cdot p^{-n} \tag{4.58}$$

式中，t_i 为点火延迟时间；A 为预指数因子；E 为燃油活化能；p 为压力；R 为普适气体常量；T 为温度；n 表征反应级别。

该燃油点火判据表明，燃油的引燃行为取决于燃油温度及其持续时间。温度越高，引燃所需点火延迟时间越短。对于常用航空煤油，预指数因子 $A = 1.64 \times 10^{-6}$ ms/MPa^2，活化能 $E = 158.14$ kJ/mol，$n = 2$。

由式（4.58）可得航空煤油点火延迟时间与温度之间的关系，如图 4.51 所示。随着温度上升，燃油引燃所需点火延迟时间迅速下降。温度从 700 K 上升至 1 100 K 时，点火延迟时间由 10.5 s 减小至 0.5 ms。由此可见，温度对燃油的引燃至关重要，弹丸温度越高，对燃油的引燃概率也就越大。

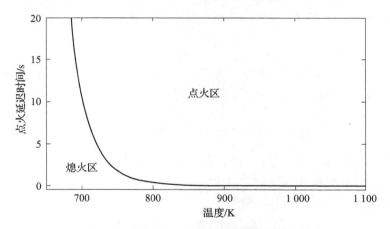

图 4.51　航空煤油点火延迟时间与温度的关系

钢弹丸、钨合金弹丸等惰性金属弹丸，主要依靠撞击油箱壁面时摩擦、绝热剪切等作用下所产生的热量来提高温度，但这些效应所引起的温升往往较小，这也导致惰性金属弹丸引燃燃油的概率较小。不同的是，活性弹丸在撞击油箱后将被激活，爆燃反应温度往往高达数千摄氏度，在这一高温场作用下，油气混合物极易被引燃，这大幅增加了活性弹丸引燃燃油的可能性。

在确定了航空煤油点火条件后，仍需对弹丸侵彻通道内的油气混合物浓度以及弹丸油箱内运动时的温度历程进行分析。弹丸命中油箱油气层后，剩余弹

丸及撞击过程中产生的高温碎片将在油气混合物中继续运动。无论是惰性金属弹丸在撞击时产生的高温碎片，还是活性弹丸在爆燃反应后产生的高温碎片，都将基于对流传热机理，与周围油气混合物发生热传导。为此，结合前述航空煤油点火条件，基于对流热传导理论对油气混合物温度历程进行分析，对弹丸撞击所形成的碎片做出如下假设：

（1）弹丸在撞击油箱壁面后发生一定程度的碎裂，形成碎片云，碎片云内各碎片均为球形，且具有相同的尺寸、速度与温度。

（2）对活性弹丸碎片而言，在流体介质中运动时将发生剧烈的化学反应，且将活性碎片初始温度近似为反应温度。

（3）对惰性金属弹丸碎片而言，其初始温度近似为弹丸侵彻油箱前壁面时全部动能损失转化为热量所引起的温升。

考虑到油箱随飞机、导弹等运动，油箱内部存在一定燃油液滴，因此，油箱内部油气混合物浓度除与燃油自身性质及环境温度相关外，弹丸以一定速度在油气混合物内运动时，将汽化燃油液滴，进一步提高油气混合物浓度。假设油气混合物中液体油滴均匀分布，间距为 S，油滴直径为 d，则半径为 r 的球形碎片在油气混合物内运动一段距离 x 后遇到的液体油滴数量为

$$N = \frac{x \pi r^2}{S^3} \tag{4.59}$$

如果高温碎片在运动过程中汽化了其遇到的所有液体燃油液滴，则碎片通道内的燃油蒸气质量（m_{vap}）可由质量守恒求得

$$m_{vap} = m_{drops} + m_v = \rho_l \left(\frac{\pi d^3}{6}\right) N + \frac{p_v \hat{M}_v}{RT}(S^3 N) \tag{4.60}$$

式中，m_{drops} 为燃油液滴质量；m_v 为现有燃油蒸气质量；ρ_l、p_v 和 $\hat{M}_v$ 分别为油滴密度、燃油蒸气压和燃油分子质量。

定义油气混合物初始空隙率为

$$\varepsilon = \frac{S^3 - \pi d^3/6}{S^3} = 1 - \frac{\pi}{6}\left(\frac{d}{S}\right)^3 \tag{4.61}$$

则碎片通道内燃油蒸气质量可表述为

$$m_{vap} = \left[\rho_l(1-\varepsilon) + \frac{p_v \hat{M}_v}{RT}\right](x \pi r^2) \tag{4.62}$$

侵彻通道内油气混合物的浓度为

$$\chi = \frac{m_{vap}/\hat{M}_v}{m_{vap}/\hat{M}_v + \rho_{air} Vol_{air}/\hat{M}_a} = \frac{\rho_l(1-\varepsilon)RT/\hat{M}_v + p_v}{\rho_l(1-\varepsilon)RT/\hat{M}_v + p_v + p_a} \tag{4.63}$$

式中，ρ_{air} 为空气密度；Vol_{air} 为空气体积；$\hat{M}_a$ 为空气分子质量；p_a 为大气压；

$\rho_1(1-\varepsilon)RT/\hat{M}_v$ 为由于液滴汽化产生的蒸气压。

若油箱为静止状态，油气混合物中没有油滴，则液滴压力 $p_{\text{drops}}=0$，温度为 30 ℃时，航空煤油 $p_v=607.9$ Pa，则

$$\chi=\frac{p_{\text{drops}}+p_v}{p_{\text{drops}}+p_v+p_a}=\frac{p_v}{p_v+p_a}=0.604\% > \chi_{\text{lean}} \quad (4.64)$$

其中，$\chi_{\text{lean}}=0.6\%$ 为航空煤油可燃浓度范围下限，上限 $\chi_{\text{rich}}=4.7\%$。

由此可见，30 ℃时静止油箱内航空煤油浓度处于可燃范围。在活性弹丸撞击非满油油箱油气层时，实验中同样观察到了明显油气引燃现象。

基于前述假设，油箱内弹丸碎片具有相同尺寸、温度，因此对任意一弹丸碎片的运动及其对流热传导行为展开研究。弹丸穿透油箱壁面瞬时剩余速度可认为是弹丸碎片在油气混合物中运动时的初始速度，该速度对弹丸碎片与周围介质间发生的对流热传导有重要影响。实验中所用弹丸均为钝头圆柱体，弹丸穿透油箱壁瞬间的剩余速度 v_{p0} 可用下式进行计算

$$v_{p0}=\left[\left(\frac{m_p v_0}{m_p+\pi r^2 \rho_t h_t}\right)^2-\frac{2\pi r h_t^2}{m_p+\pi r^2 \rho_t h_t}\right]^{1/2} \quad (4.65)$$

式中，m_p、v_0、r 分别表示弹丸的质量、初始碰撞速度及弹丸半径；h_t、ρ_t 分别为油箱壁厚度、密度。

由式（4.65）所得剩余速度即为弹丸碎片在油气混合物中运动时的初始速度，由此可得任一弹丸碎片在油气混合物中运动时有

$$m_i \frac{dv_i}{dt}=-F=-\rho_1 S C_x \frac{v^2}{2} \quad (4.66)$$

式中，v_i 为碎片运动速度；F 为阻力；C_x 为阻力系数；ρ_1 为燃油密度；S 为运动速度正交方向上的碎片面积；m_i 为碎片质量。

C_x 一般假设为常数，对其直接积分可得碎片速度

$$v_i(t)=\frac{v_{p0}}{1+\dfrac{\pi r_i^2 C_x \rho_1 v_{p0}}{2m_i}t} \quad (4.67)$$

式中，r_i 为碎片平均半径，可由下式表述

$$r_i=\frac{1}{2}\left(\frac{\sqrt{24}K_{\text{Ic}}}{\rho_p c_p \dot{\varepsilon}}\right)^{2/3} \quad (4.68)$$

式中，ρ_p 为弹丸密度；c_p 为弹丸材料声速，对于活性毁伤材料与钢材料，声速分别为 1 350 m/s 和 4 569 m/s；K_{Ic} 为断裂强度因子，对于活性毁伤材料与钢材料，其值分别为 1.2×10^7 Pa·m$^{1/2}$ 及 1.9×10^8 Pa·m$^{1/2}$；$\dot{\varepsilon}$ 为平均应变率。

高温碎片在油气层中运动时，与温度较低的油气混合物间将发生对流热传

导,从而造成紧邻碎片的油气层温度迅速上升,根据热传导理论有

$$q'' = h(T - T_u) \tag{4.69}$$

式中,q'' 为高温碎片传给油气混合物的热通量,W/m^2;T 为碎片温度,T_u 为油气混合物初始温度;h 为对流热传导系数,$W/(m^2 \cdot K)$,且

$$h = \frac{k}{2r_i}\left\{0.3 + \frac{0.62Re^{0.5}Pr^{1/3}}{[1+(0.4/Pr)^{2/3}]^{1/4}}\left[1+\left(\frac{Re}{28\,200}\right)^{5/8}\right]^{4/5}\right\} \tag{4.70}$$

式中,k 为导热系数;Pr 为普朗特数,对于油气混合物其值约为 0.707。

雷诺数 Re 可由碎片速度求得

$$Re = \frac{2r_i v_i}{\nu} \tag{4.71}$$

式中,ν 为油气混合物运动黏度。

忽略活性碎片内温度梯度,则碎片温度可由式(4.69)联立下式求得

$$q'' = -\frac{m_i c}{4\pi r_i^2}\frac{\mathrm{d}T}{\mathrm{d}t} \tag{4.72}$$

式中,c 为活性材料比热。

由此可见,碎片温度是随时间不断变化的。考虑到碎片周边的油气层紧贴碎片表面,可将紧贴碎片表面的油气层温度 T^* 近似于碎片温度 T,即

$$T^* \approx T \tag{4.73}$$

基于上述分析可得碎片周边介质的温度 – 时间历程,将计算结果与点火条件结合,即可判断活性碎片作用下油气层是否达到点火要求。

当弹丸命中油箱燃油层时,穿透油箱后,碎片会将周围空气带入液态燃油中。因此夹带的空气量将取决于碎片的正面区域,即碎片在液体燃油朝侵孔处汇聚闭合前所经过的距离。对圆柱形碎片而言,空气夹带量 Vol_{air} 为

$$Vol_{air} = xDL \tag{4.74}$$

式中,x 为式(4.66)中给出的速度对时间的积分;D 为碎片扫掠区域的宽度;L 为碎片扫掠区域的高度。

蒸气产生速率由沸腾转移和相变所需能量求得,由能量守恒可得

$$h_{boil}\left(\frac{\pi DL}{2}\right)(T_s - T_\infty) = \dot{m}_{vap}[c_V(T_{sat} - T_\infty) + h_{fg}] \tag{4.75}$$

式中,T_s 为燃油达到蒸发点时的碎片表面温度;h_{boil} 为单位质量燃油蒸气沸腾所需能量;T_∞ 为最终时刻温度;m_{vap} 为燃油蒸气质量;c_V 为油气比热容;T_{sat} 为饱和时油气温度;h_{fg} 为单位质量油气相变所需能量。

对于理想状态下的混合物,蒸气的摩尔分数等于其体积分数

$$\chi_v = \frac{\dfrac{m_{vap}}{\hat{M}_v}}{\dfrac{m_{vap}}{\hat{M}_v} + \dfrac{\rho_{air} Vol_{air}}{\hat{M}_a}} \tag{4.76}$$

式中，蒸气质量由式（4.74）给出，空气密度为大气条件下取值。

对于进入油箱燃油层的碎片，与燃油之间的热传导同样可通过对流传热进行分析。对流传热由式（4.70）给出，k 为燃油导热系数，雷诺数通过碎片速度和表层温度计算。通过式（4.67）给出的速度，可以计算出相应的 Re_D，从而可以通过式（4.69）和式（4.70）计算由于对流导致的热交换。

基于上述模型，结合活性弹丸撞击焊接式油箱实验，可获得活性弹丸和惰性弹丸在液体燃油中运动时的温度随时间的变化关系，如图 4.52 所示。活性弹丸碰撞速度从 855 m/s 增至 1 062 m/s 时，在活性弹丸穿透油箱前壁面后的 $10^{-8} \sim 1$ s 时间范围内，各速度下形成的活性碎片均有足够高的温度以引燃燃油。而对惰性金属弹丸而言，即使其碰撞速度高达 1 649 m/s，但仅依靠动能撞击转化的热能来提升碎片温度，导致碎片温度过低从而不足以引燃燃油。

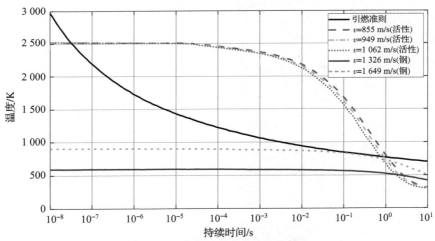

图 4.52 碎片温度 – 时间历程曲线

此外，图 4.52 同时表明了碰撞速度对活性材料碎片温度的影响，随碰撞速度提高，碎片温度随时间下降加快，原因在于：碰撞速度的提高，造成活性碎片平均尺寸下降，碎片比表面积增大，加速了活性碎片与油气混合物间的热传导，导致温度下降更快。对于钢弹丸，贯穿油箱前壁面时的碎裂程度低于活性弹丸，碎片平均尺寸显著大于活性碎片。因此，惰性弹丸碎片温度下降速率显著小于活性碎片，因此引燃燃油概率显著低于活性弹丸。

第 5 章
引爆毁伤增强效应

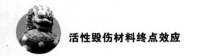

5.1 炸药冲击起爆理论

冲击起爆理论主要描述炸药在弹丸/破片高速撞击作用下的力化耦合响应行为及冲击起爆机理。通常，凝聚相炸药可分为均质和非均质两类。本节主要介绍均质、非均质炸药冲击起爆理论及冲击起爆判据。

5.1.1 均质炸药冲击起爆理论

均质炸药是指物理结构均匀，内部没有气泡和杂质，具有均一物理和力学性质的炸药，如硝化甘油液体、太安单晶体等。均质炸药冲击起爆，一般认为是冲击波进入炸药后，波阵面后首先受到冲击的一层炸药被整体加热，发生化学反应，并形成超速爆轰过程，对应的超速爆轰波追赶上初始入射波后，在未受冲击的炸药中发展成稳定爆轰。这种均质炸药的冲击起爆模型是由Campbell等人基于实验提出的，在对应的液态硝基甲烷冲击起爆实验中，通过扫描摄影发现，冲击波进入液态硝基甲烷一定时间后，受到冲击压缩的硝基甲烷中产生了微弱的辉光，并在某一时刻后转变为强烈爆轰发光。该现象表明，辉光区相伴随的高速扰动，对应冲击压缩后硝基甲烷的爆轰。

根据流体力学模型，预压缩炸药爆速大于正常炸药爆速。若将超速爆轰波假设为稳定波，可以得到均质炸药冲击起爆行波规律，如图5.1所示。图中，线1为初始冲击波轨迹，速度为D_1；线2为冲击波阵面后炸药质点运动轨迹，

速度为 u；线 5 为超速爆轰波轨迹，速度为 D'；线 6 为正常爆轰波轨迹，速度为 D；3 为炸药表面热爆炸延迟时间；4 为超速爆轰波后弱辉光时间。

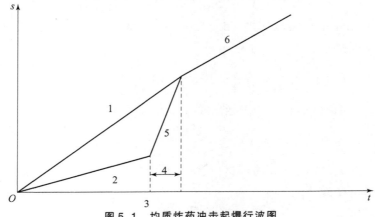

图 5.1　均质炸药冲击起爆行波图

此外，研究表明，起爆延迟时间对初始冲击波压力、炸药温度、纯度很敏感。当冲击压力由 8.6 GPa 增加到 8.9 GPa 时，延迟时间从 2.26 μs 减少到 1.74 μs，温度由 1.6 ℃ 升高到 26.8 ℃ 时，延迟时间由 5.0 μs 减少到 1.8 μs。同时，起爆深度（炸药中爆轰点距炸药界面的距离）也受初始冲击波压力和炸药温度影响，初始冲击波压力低于 10 GPa 时，起爆位置逐渐移向炸药内部，且当入射压力低于某临界值时，炸药不再起爆，该值即为临界起爆压力。

苏联学者基于热爆炸理论，对均质炸药冲击起爆特征参量进行了计算。均质炸药冲击起爆延迟时间 τ 与温度 T 存在下述关系

$$\tau = \frac{\rho c_p R T^2}{Q E k_0} e^{\frac{E}{RT}} \tag{5.1}$$

式中，ρ 为炸药密度；c_p 为炸药恒压比热容；R 为普适气体常数；Q 为炸药爆热；E 为活化能；k_0 为与反应速率相关的常数；T 为波后炸药温度。

温度 T 可通过冲击波阵面上压力计算获得，若采用炸药晶体状态方程，并结合能量守恒方程，可计算冲击波阵面后的温度，表述为

$$\frac{1}{2} p (V_0 - V) - \int_V^{V_0} p_T \mathrm{d}V = \int_{T_0}^T c_V \mathrm{d}T \tag{5.2}$$

式中，p 为冲击压力；V_0 为炸药初始体积；V 为任意时刻炸药体积；p_T 为炸药冲击起爆压力；T_0 为初始温度；c_V 为炸药恒容比热容。

根据 Gruneisen 状态方程，同一体积 V 处，冲击绝热曲线上一点 (p, V) 和等温线上一点 (p_{T_0}, V) 间的关系为

$$p - p_{T_0} = \frac{T c_V}{V} (T - T_0) \tag{5.3}$$

对式（5.2）进行微分，并将式（5.3）代入，取 $T_0 = 0$，得

$$\frac{\mathrm{d}T}{\mathrm{d}V} + \frac{\Gamma}{V}T = \frac{1}{2c_V}\left[p + (V_0 - V)\frac{\mathrm{d}p}{\mathrm{d}V}\right] \quad (5.4)$$

式中，Γ 为 Gruneisen 系数。式（5.4）为冲击波阵面后温度 T 的一阶常微分方程，求解该式得

$$T = \mathrm{e}^{-\int_{V_0}^{V}\frac{\Gamma}{V}\mathrm{d}V}\left\{\int_{V_0}^{V}\frac{1}{2c_V}\left[p + (V_0 - V)\frac{\mathrm{d}p}{\mathrm{d}V}\right]\mathrm{e}^{\int_{V_0}^{V}\frac{\Gamma}{V}\mathrm{d}V}\mathrm{d}V + T_0\right\} \quad (5.5)$$

式中，$p(V)$ 可以依据炸药冲击绝热线线性关系获得

$$p(V) = \frac{c_0^2(V_0 - V)}{[V_0 - \lambda(V_0 - V)]^2} \quad (5.6)$$

式中，c_0 为介质中声速；λ 为与材料有关的常数。

Gruneisen 系数 Γ 为

$$\Gamma = \Gamma_0 V/V_0 \quad (5.7)$$

或者由下式求出

$$\Gamma = V\frac{\alpha K_T}{c_V} = \frac{\alpha c_b^2}{c_V} \quad (5.8)$$

式中，α 为膨胀系数；K_T 为等温体积模量；c_b 为流体力学声速；Γ_0 为初始 Gruneisen 系数。

恒压比热容 c_V 可由德拜公式计算获得

$$c_V = \frac{3R}{\mu}F\left(\frac{\Theta}{T}\right) \quad (5.9)$$

式中，R 为普适气体常数；μ 为摩尔质量；Θ 为德拜温度。令 $x = \frac{\Theta}{T}$，则有

$$F(x) = \frac{3}{x^3}\int_0^x \frac{\xi^4 \mathrm{e}^\xi}{(\mathrm{e}^\xi - 1)^2}\mathrm{d}\xi \quad (5.10)$$

当 $\Theta/T \ll 1$ 时，$F(\Theta/T) \approx 1$，此时 $c_V = 3R/\mu$。

在此基础上，苏联学者基于表 5.1 所列均质炸药常数，计算得到了 8 种均质炸药的起爆压力 p_r 和延迟时间 τ，列于表 5.2。

表 5.1 均质炸药常数

炸药名称	$\rho_0/(10^3\ \mathrm{kg \cdot m^{-3}})$	$c_0/(\mathrm{m \cdot s^{-1}})$	$\beta_0/(10^3\ ℃^{-1})$
硝基甲烷	1.14	1 340	1.32
四硝基甲烷	1.64	1 040	1.06
硝化甘油	1.59	1 740	0.85
梯恩梯（$T_0 = 358$ K）	1.45	1 550	0.72
梯恩梯（$T_0 = 393$ K）	1.64	2 160	0.32

续表

炸药名称	$\rho_0/(10^3 \text{ kg} \cdot \text{m}^{-3})$	$c_0/(\text{m} \cdot \text{s}^{-1})$	$\beta_0/(10^3 \text{°C}^{-1})$
太安	1.77	2 420	0.50
三硝基铵	1.80	2 620	0.51
特屈儿	1.73	2 170	0.32

注：β_0 为炸药体积膨胀系数。

表 5.2 均质炸药起爆数据

炸药名称	起爆压力 $p_r/(10^8 \text{ Pa})$		延迟时间 $\tau/\mu s$	波阵面后温度 T_r/K	初始温度 /K
	实验	理论			
硝基甲烷	93	115	1.0	1 200	293
太安晶体	112	122	0.3	700	293
黑索今晶体	170	162	1.0	770	293
特屈儿晶体		150	1.0	810	293
梯恩梯晶体		180	0.7	1 000	293
梯恩梯液体	125	125	0.7	1 000	358
四硝基甲烷	86	82	1.0	700	293
硝化甘油液体		120	0.3	760	293

5.1.2 非均质炸药冲击起爆理论

1. 热点理论

非均质炸药是指因浇铸、压装、结晶过程中引入气泡、缩孔、裂纹、杂质等，导致物理结构不均匀的炸药。实际应用的固体炸药一般均为非均质炸药。与均质炸药热起爆理论不同，非均质炸药冲击起爆理论主要为热点理论。

热点理论认为，非均质炸药起爆是从受冲击炸药中某些局部高温区，即"热点"处开始的。实际上，在散装、浇铸、压装的固态凝聚炸药中，晶粒周围都存在空隙。冲击波进入非均质炸药后，孔隙或气泡在冲击作用下被绝热压缩，形成热点。此外，冲击压缩过程中炸药晶体颗粒间摩擦、炸药颗粒与杂质间摩擦、冲击波相互作用等过程也是炸药中产生局部热点的重要机制。

通过在液态均质硝基甲烷中充入不同尺寸氩气泡，可形成非均质炸药。通过平面波冲击,可研究非均质炸药的冲击起爆过程。结果表明,较大气泡在均质硝基甲烷起爆发光前约 2 μs,即已引起硝基甲烷反应和强烈发光。与此同时,较小气泡也可能引起周围硝基甲烷的反应,表明在冲击加载条件下,非均质炸药因内部气泡等缺陷存在,较均质炸药更易发生爆轰。

与均质炸药不同,非均质炸药冲击起爆存在以下显著特点:

(1) 在初始冲击阶段,均质炸药中初始冲击波速基本恒定或随时间略微降低,而非均质炸药中冲击波速逐渐升高。

(2) 非均质炸药从起爆向爆轰的过渡较均质炸药更为平缓。

(3) 非均质炸药稳定爆轰前无类似均质炸药的超速爆轰现象。

非均质炸药的冲击起爆主要通过热点起爆理论进行分析。该理论假设平面冲击波进入炸药后,在波后形成热点,并同时通过热点温度给出非均质炸药冲击起爆临界条件。假设热点是理想平板、圆柱体或球,应用热平衡方程

$$c_p\rho\frac{\partial T}{\partial t} = \lambda\nabla^2 T + Qk_0 e^{-E/(RT)} \tag{5.11}$$

式中,c_p、ρ 和 λ 分别为炸药的定压比热、密度和热传导系数;T 为温度;Q 为单位体积炸药反应热;k_0 为反应速度常数;R 和 E 分别为气体常数和活化能。

当 $t = 0$ 时,初始条件为

$$\begin{aligned} T &= T_0, \quad x < r_0 \\ T &= T_1, \quad x > r_0 \end{aligned} \tag{5.12}$$

式中,$T_0 > T_1$;x 为以热点中心为原点的位置坐标;r_0 为热点的特征半径,若为平板,则为其半厚度,若为圆柱体或球,则为半径。引入量纲为 1 的变量

$$\begin{cases} \theta = \dfrac{E}{RT_0^2}(T - T_0) \\ \eta = \dfrac{\lambda t}{\rho c_p r_0^2} = \dfrac{a^2 t}{r_0^2} \\ a^2 = \dfrac{\lambda}{\rho c_p} \\ \delta = \dfrac{Qk_0 Er_0^2 \exp[-E/(RT_0)]}{\lambda RT_0^2} \\ \xi = \dfrac{x}{r_0} \end{cases} \tag{5.13}$$

同时对指数项进行弗兰克-卡门涅茨基近似,即

$$\exp\left(-\frac{E}{RT}\right) \approx \exp\left(-\frac{E}{RT_0}\right)\exp(\theta) \tag{5.14}$$

则方程（5.11）可表述为

$$\frac{\partial \theta}{\partial \eta} = \delta \exp(\theta) + \nabla_\xi^2 \theta \quad (5.15)$$

式中，θ 为量纲为 1 的温度；η 为量纲为 1 的时间；ξ 为量纲为 1 的位置坐标。

通过量纲为 1 的变换，热点起爆临界条件可简化为单个变量 δ 的临界值 δ_c。当 $\delta > \delta_c$ 时，炸药内反应释放能量大于表面散失热量，炸药温度迅速上升，最终导致起爆；当 $\delta = \delta_c$ 时，炸药内反应释放能量等于从表面散失的热量，炸药温度不再上升，无法起爆。因此，δ_c 即为炸药温度增长速度为零时的值。

温度是位置和时间的函数，选择 $\eta = \eta_c$ 时炸药表面 $\xi = \xi_c$，则临界条件为

$$\begin{cases} \eta = \eta_c = \dfrac{a^2 t_c}{r_0^2} \\ \xi = \xi_c = 1 \\ \left. \dfrac{\partial \theta}{\partial \eta} \right|_{\substack{\eta = \eta_c \\ \xi = 1}} = 0 \end{cases} \quad (5.16)$$

在时间达到临界值之前，温度梯度较小，从热点表面热传导散失的热量可以忽略。因此，在临界时间 η_c 之前忽略式（5.15）右边第二项，即

$$\frac{d\theta}{d\eta} = \delta_c \exp(\theta) \quad (5.17)$$

对量纲为 1 的时间 η 积分，得

$$\int_0^{\theta_c} \exp(-\theta) d\theta = \delta_c \int_0^{\eta_c} d\eta \quad (5.18)$$

对上式左项取近似

$$\int_0^{\theta_c} \exp(-\theta) d\theta \approx \int_0^{\infty} \exp(-\theta) d\theta = 1 \quad (5.19)$$

可得

$$\eta_c \approx \frac{1}{\delta_c} \quad (5.20)$$

获得临界时间 η_c 后，即可结合临界位置坐标 ξ_c 确定临界条件 δ_c。

将式（5.17）对炸药体积积分，得

$$\int_V \delta_c \exp(\theta) dV = -\int_V \nabla^2 \theta dV = \int_S \nabla \theta \cdot d\vec{S}$$

式中，S 为炸药面积。

在上式中代入炸药初始温度（即 $\theta = 0$），并分别对体积和面积积分，得

$$\left. \delta_c \frac{2^n}{n+1} \pi \xi^{n+1} \right|_{\xi=1} = -2^n \pi \xi^n \left. \frac{\partial \theta}{\partial \xi} \right|_{\substack{\xi=1 \\ \eta=\eta_c}} \quad (5.21)$$

式中，热点为平板时，$n = 0$；为无限长圆柱时，$n = 1$；为球时，$n = 2$。

化简后得

$$\delta_c = -(n+1)\frac{\partial \theta}{\partial \xi}\bigg|_{\substack{\xi=1 \\ \eta=\eta_c}} \tag{5.22}$$

假设热点在冲击作用下瞬时形成，可将该过程等效为炸药内部原点处微小热点从 $t=0$ 到 $t=t_0$ 内输入一定热量 ε。令 $q=\varepsilon/(\rho c)$，忽略时间段内化学反应释放的热量，则点温度可表述为

$$T = \frac{q}{2^{n+1} a^{n+1} (\pi t)^{\frac{n+1}{2}}} \exp\left(-\frac{x^2}{4a^2 t}\right) + T_1 \tag{5.23}$$

假定 $t=t_c$ 时，$x=0$ 处的温度 $T=T_0$，则

$$T_0 = \frac{q}{2^{n+1} a^{n+1} (\pi t_0)^{\frac{n+1}{2}}} + T_1 \tag{5.24}$$

将 T_0 代入式（5.23），得

$$T = (T_0 - T)\left(\frac{t_0}{t}\right)^{\frac{n+1}{2}} \exp\left(-\frac{x^2}{4a^2 t}\right) - T_1 \tag{5.25}$$

通过量纲为 1 的变量，式（5.25）可表述为

$$\theta = \theta_0 \left(\frac{1}{4\eta}\right)^{\frac{n+1}{2}} \exp\left(-\frac{\xi^2}{4\eta}\right) \tag{5.26}$$

将其对 ξ 求导后代入式（5.22），得

$$1 = \frac{n+1}{2}\left(\frac{1}{2}\right)^{n+1} \theta_0 \delta_c^{\frac{n+1}{2}} \exp\left(-\frac{\delta_c}{4}\right) \tag{5.27}$$

化简后得

$$\ln\theta_0 = \frac{\delta_c}{4} - \frac{n+1}{2}\ln\delta_c - \ln\left[\frac{n+1}{2}\left(\frac{1}{2}\right)^{n+1}\right] \tag{5.28}$$

对于平板，$n=0$，于是有

$$\ln\theta_0 = \frac{\delta_c}{4} - \frac{1}{2}\ln\delta_c + 2\ln 2 \tag{5.29}$$

对于圆柱，$n=1$，于是有

$$\ln\theta_0 = \frac{\delta_c}{4} - \ln\delta_c + 2\ln 2 \tag{5.30}$$

对于球，$n=2$，于是有

$$\ln\theta_0 = \frac{\delta_c}{4} - \frac{3}{2}\ln\delta_c - \ln\frac{3}{16} \tag{5.31}$$

通过上述分析，可得 δ_c 和 θ_0 的关系。如果定义 $r_0^2/(4a^2 t_0) = 1$ 为热点半径，在 $x=r_0$，$t=t_0$ 处建立平衡方程式（5.21），可得到 δ_c 的其他近似表示式。

将式（5.26）代入式（5.21），在 $\xi^2/(4\eta)=1$ 处，
$$\eta=\eta_0\left(\eta_0=\lambda t_0/(\rho c r_0^2)=\frac{1}{4}\right)$$

则 δ_c 变为
$$\delta_c=2(n+1)\mathrm{e}^{-1}\theta_0 \tag{5.32}$$

式（5.32）可表述为
$$\delta_c=2(n+1)\frac{E(T_0-T_1)}{\mathrm{e}RT_0^2} \tag{5.33}$$

在平面条件下，忽略初始温度，可得
$$\delta_c=2E/(\mathrm{e}RT_0) \tag{5.34}$$

结合式（5.24），有
$$\delta_c=\frac{4Ea\rho c_p(\pi t_0)^{1/2}}{\mathrm{e}R\varepsilon} \tag{5.35}$$

式中，ε 应理解为在 t_0 时间内输入热点的能量。

2. 热点形成机制

非均质炸药的冲击起爆，主要机理是冲击作用下炸药内部的非均匀温升，形成"热点"。"热点"形成的主要机理有：气泡绝热压缩、空隙冲击塌陷、剪切摩擦、裂纹尖端黏性加热、晶体位错、损伤积累等。

1）气泡绝热压缩

炸药浇铸、压装过程中会在内部形成孔洞或气泡。当小体积气泡被迅速压缩时，温度迅速上升，形成"热点"。Starkenberg 活塞实验很好地验证了这一过程，实验原理如图 5.2 所示。结果表明，将活塞与炸药间 6.35 mm 高的空气隙抽成真空，并冲击加载，五次实验无一引爆。若在活塞与炸药间放置相同高度的一个大气压空气隙，同样方式冲击加载下，十一次实验中有十次引爆。这表明，当活塞与炸药间存在空气时，起爆概率显著升高。需要说明的是，气泡绝热压缩模型并不能完全解释非均相炸药起爆过程，该模型只适用于材料压缩率显著低于比冲击率，且气泡尺寸较大的情况。

2）空隙冲击塌陷

冲击波与炸药内空隙相互作用时，空隙受压塌陷，表面材料发生喷溅，使能量在空隙位置发生聚积，形成"热点"。具体来说，当冲击波传入带有空隙的炸药内部时，会使空隙自由表面的速度为冲击波后粒子速度的两倍，同时，在空隙自由表面塌陷过程中，产生的聚心作用进一步增加这部分流体速度和温度。当空隙完全闭合，冲击波传入密实处，同时反向传入较热流体中一个反射

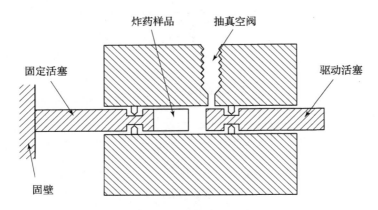

图 5.2　引爆装药活塞实验原理

波，进一步导致温度升高，由此形成了接近原来空隙尺寸的热点。

图 5.3 所示为不同空隙率太安炸药在不同强度冲击波作用下形成的热点温度分布。从图中可以看出，空隙率越高，炸药越容易被加热升温，疏松炸药更容易起爆。进一步研究表明，炸药颗粒大小也会影响起爆难易程度，晶体颗粒大的炸药更难起爆。与此同时，压装炸药更易产生空隙，注装炸药更密实，二者在冲击作用下热点数差别大，感度差别明显。

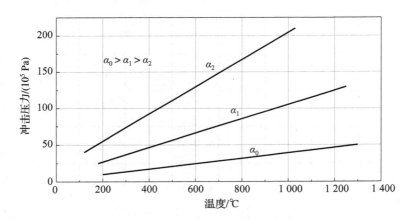

图 5.3　不同空隙率太安炸药热点温度与冲击波强度关系

3) 剪切摩擦

冲击波掠过非均质炸药内部空穴时，可能在空穴正面炸药处形成剪切，且药块冲入空穴，从而形成剪切带。在剪切带内，炸药材料发生剧烈摩擦，产生热量促使炸药温度升高，形成热点。剪切带形成过程如图 5.4 所示。

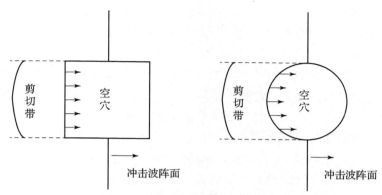

图 5.4　冲击空穴形成剪切带过程

空穴剪切带存在摩擦时，摩擦力表述为

$$f = \mu \frac{dv}{dx} + \sigma \tag{5.36}$$

式中，μ 为摩擦系数；dv/dx 为速度梯度；σ 为剪切应力。

剪切带滑动距离为 x 时，摩擦做功为

$$W = 2fx \tag{5.37}$$

假设摩擦功一半传递给空穴内部炸药，这部分炸药温升为

$$\Delta T = \frac{W}{2c_V m} \tag{5.38}$$

式中，c_V 为炸药定容比热容；m 为炸药质量。

需要注意的是，当温度升高到炸药熔点时，炸药可近似视为流体，剪切带摩擦力变为 0。为此，当炸药温度高于熔点时，不能利用剪切摩擦理论进行解释。事实上，空穴剪切过程中，摩擦作用距离有限，很难导致足够的温升。热点形成的主要能量应来自空穴闭合时的弹塑性功。

4) 裂纹尖端黏性加热

研究表明，在外界撞击或冲击下，炸药内产生裂纹传播，在裂纹尖端处具有较强应力场，将引发炸药发生塑性变形，从而形成热点。研究表明，若裂纹尖端获得足够能量，则其稳定生长速度将与临界点火速度相同，表明裂纹尖端加热是热点形成的主要机制。然而，裂纹尖端变形引发热点机制只适用于具有一定颗粒尺寸的炸药点火过程，并不适用于晶体炸药。

5) 晶体位错

晶体变形伴随着位错增长。研究表明，在冲击作用下，晶体中位错堆积的雪崩会释放能量，使局部温度升高，导致炸药内形成热点。具体来说，在剪切应力 τ_1 作用下，位错在晶界等障碍物堵塞下等温堆积，随后将产生更多位错，

形成较高的剪切应力 τ_2，当积累的剪切应力达到临界值 τ_c^* 后，障碍物发生坍塌，此时，位错堆积引发能量动态释放形成局部热点。

6）损伤积累

该模型以材料损伤，如剪切、塑性变形、粒子与黏结剂间的脱离及微孔洞/裂纹变形积累为基础，根据做功导致的温度上升，给出了沉积在含能材料中的能量。做功产生的额外温度通过孔洞中高温气体转换到相邻含能材料的薄层球壳上，使含能材料局部出现高温热点。该模型严格适用于低应变率情况，也可作为高应变率情况下的一般热点模型。需要注意的是，该模型假设仅体积热效会加热球壳，并且压缩波能量的减少相对总能量来说可忽略不计。

5.1.3 炸药冲击起爆判据

炸药的冲击起爆，从本质上讲，是冲击波引发炸药内部温升诱发炸药起爆的过程。若炸药初始温度为 T_1，压力为 0，有

$$T - T_1 = \beta p \tag{5.39}$$

式中，β 为炸药常数。

冲击波进入炸药后，一部分能量成为冷能，一部分能量成为热能。认为热能对炸药起爆有贡献，将这部分热能作为瞬时输入能量 ε，有

$$\varepsilon = c_p(T - T_1)t_0 D = \beta c_p p t_0 D \tag{5.40}$$

式中，t_0 为冲击波脉冲宽度；D 为炸药中冲击波速。

联立式（5.39）和式（5.40），有

$$\delta_c = \frac{4E a \rho t_0^{1/2}}{eR\beta p t_0 D} \tag{5.41}$$

式中，仅有 p、D、t_0 为变量，由此可得炸药起爆临界条件

$$p^2 D^2 t_0 = 常数 \tag{5.42}$$

在一定压力范围内，冲击波速 D 变化并不明显，式（5.42）可表述为

$$p^2 t_0 = 常数 \tag{5.43}$$

若将 D 表示为 p 的幂函数，对一般高能混合炸药，p 的指数约为 0.15，于是高能混合炸药起爆判据又可表示为

$$p^n t_0 = 常数 \tag{5.44}$$

式中，$n > 2.3$。此外，将 $p^2 t_0$ 用冲击波阻抗 $\rho_0 D_s$ 去除，可得到

$$E_c = \frac{\delta p^2 \tau}{\rho_0 D_s} = \frac{\rho_0 D_s u p \tau}{\rho_0 D_s} = p u \tau$$

式中，D_s 为冲击波速；u 为波阵面上质点速度；pu 实际上是冲击波传入炸药的功率；$pu\tau$ 为冲击波传播的功。

因此，可以得到冲击起爆的临界能量判据

$$E_c = pu\tau = 常数 \tag{5.45}$$

常用非均质炸药临界起爆条件列于表 5.3。

表 5.3 非均质炸药临界起爆条件

炸药	密度 /(kg·m^{-3})	临界起爆压力 /Pa	起爆乘积 p^2t/(Pa^2·s)	临界起爆能量 /(J·m^{-2})
PETN	1.60×10^3	9.1×10^8	125×10^{10}	16.8×10^4
PETN	1.40×10^3	~2.5×10^8	41×10^{10}	—
PETN	1.00×10^3	—	5×10^{10}	8.4×10^4
PBX9404	1.84×10^3	64.5×10^8	470×10^{10}	58.8×10^4
LX-04	1.86×10^3		925×10^{10}	109×10^4
TNT	1.65×10^3	104×10^8	1 000×10^{10}	142×10^4
RDX	1.45×10^3	8.2×10^8	100×10^{10}	80×10^4
HNAB	1.60×10^3	—	200×10^{10}	142×10^4
HNS-Ⅰ	1.60×10^3	2.5×10^8	220×10^{10}	155×10^4
NONA	1.60×10^3	19.5×10^8	230×10^{10}	155×10^4
HNS-SF	1.30×10^3	~9×10^8	130×10^{10}	118×10^4
HNS-Ⅱ	1.60×10^3	23.2×10^8	260×10^{10}	176×10^4
Comp B	1.73×10^3	56.3×10^8		122×10^{10}
Tetryl	1.655×10^3	18.5×10^8	—	46.2×10^{10}

|5.2 带壳装药冲击引爆数值模拟|

利用惰性金属弹丸动能作用引爆带壳装药，是现役常规硬毁伤弹药防空反导的基本技术理念。本节主要开展惰性金属弹丸冲击引爆带壳装药数值模拟研究，重点分析弹丸形状、弹丸质量及壳体特征对冲击引爆行为的影响特性。

5.2.1 数值模拟方法

惰性金属弹丸冲击引爆带壳装药典型几何模型和计算模型如图 5.5 所示。模型主要由弹丸、壳体和装药三部分组成，装药直径和高度分别为 150 mm 和 50 mm。计算采用 Lagrange 算法，轴对称模型，在装药内部轴线方向均匀布置若干观测点，以获得并分析装药内温度、压力等参数变化。

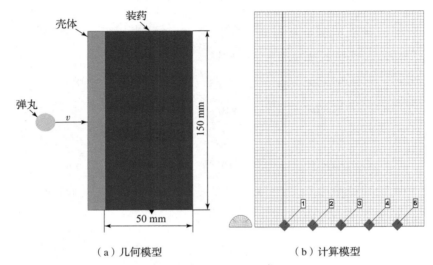

（a）几何模型　　　　　　　（b）计算模型

图 5.5　惰性金属弹丸冲击引爆带壳装药数值模型

计算中，惰性金属弹丸通过 Shock 状态方程及 Johnson – Cook 强度模型描述，装药采用冲击起爆过程 Lee – Tarver 模型描述。Lee – Tarver 模型建立在多热点点火与膨胀实验数据基础上，先提出了两步反应速率模型，包括点火阶段和增长阶段。随后将两步反应模型扩展成了三步反应模型，即点火、增长、完成 3 个阶段。反应速率方程表述为

$$\frac{\partial F}{\partial t} = I(1-F)^b (\mu - a)^x + G_1 (1-F)^c F^d p^y + G_2 (1-F)^e F^g p^z \quad (5.46)$$

式中，压缩比 $\mu = \rho/\rho_0 - 1$；ρ 和 ρ_0 分别为密度和初始密度；F 为反应度；p 为炸药气体压力；I、b、a、x、G_1、c、d、y、G_2、e、g、z 为常量。

在 Lee – Tarver 点火 – 增长模型中，炸药状态可以是未反应的，可以是完全反应的，也可以是两者皆有。爆轰产物使用 JWL 状态方程，其中未反应炸药使用冲击状态方程描述，表述为

$$p(V_u, e) = p_{Hu}(V_u) + \frac{\rho_0 \Gamma}{V_u} [e_u(V_u, e) - e_H(V_u)] \quad (5.47)$$

式中，p_{Hu} 为 Hugoniot 压力；$e_u = (V_u, e) = (eV_u - e_0)/\rho_0$ 为未反应炸药单位内能；Γ 为 Gruneisen 参数；e 为单位内能；e_0 为初始单位内能；$e_H(V_u)$ 为单位 Hugoniot 能；未反应炸药的相对密度 $V_u = \rho_0/\rho_u = 1/\eta_u$。

JWL 状态方程可表述为

$$p_{AB}(V) = A\left(1 - \frac{\omega}{R_1 V}\right)e^{-R_1 V} + B\left(1 - \frac{\omega}{R_2 V}\right)e^{-R_2 V} + \frac{\omega e}{V} \tag{5.48}$$

式中，p_{AB} 为反应物压力；V 为反应物体积；A、B、R_1、R_2、ω 为常量，与炸药类型相关。

炸药相关参数列于表 5.4，部分金属材料参数列于表 5.5。

表 5.4 B 炸药参数

$\rho/(\text{g}\cdot\text{cm}^{-3})$	A/GPa	B/GPa	R_1	R_2	ω	$V_{CJ}/(\text{m}\cdot\text{s}^{-1})$	P_{CJ}/GPa
1.63	530	7.83	4.5	1.2	0.34	7 576	26.5

表 5.5 金属材料参数

材料	$\rho/(\text{g}\cdot\text{cm}^{-3})$	Γ	$c_0/(\text{m}\cdot\text{s}^{-1})$	s	A/MPa	B/MPa	C	n	m
钨合金	17	1.54	4 029	1.237	1 506	177	0.016	0.12	1
A3 钢	7.8	2.17	4 569	1.49	410	20	0.1	0.08	0.55

注：表中 V_{CJ}、P_{CJ}、s、n、m、C 均为与材料有关的常数。

5.2.2 弹丸形状影响特性

弹丸形状对碰撞过程中冲击波、稀疏波相互作用有显著影响，进而影响冲击起爆带壳装药行为。模拟中弹丸质量为 4.56 g，材料为钨合金，形状分别为 ϕ8 mm 球体、ϕ7 mm × 7 mm 圆柱体、ϕ5.5 mm × 11 mm 圆柱体和 ϕ8.8 mm × 4.4 mm 圆柱体。装药为 B 炸药，壳体为厚 10 mm 的 LY12 硬铝。

1. 球形钨合金弹丸

球形钨合金弹丸冲击下未引爆带壳装药典型计算结果如图 5.6 所示，各观测点压力 – 时间历程曲线如图 5.7 所示。从图中可以看出，球形钨合金弹丸速度为 2 700 m/s 时，首先贯穿装药壳体，产生球面冲击波传入装药中，由于冲击波峰值压力仅为 6.3 GPa，且迅速衰减，装药未被引爆。

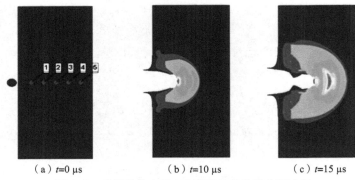

(a) $t=0$ μs　　(b) $t=10$ μs　　(c) $t=15$ μs

图5.6　球形钨合金弹丸未引爆带壳装药典型过程

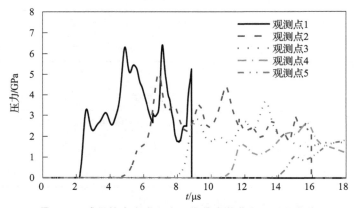

图5.7　球形钨合金弹丸未引爆带壳装药压力时程曲线

碰撞速度升高至2 715 m/s时，球形钨合金弹丸引爆带壳装药过程如图5.8～图5.9所示，炸药内形成了明显的爆轰波，观测点获取的压力-时间历程曲线表明，炸药内压力迅速上升至30 GPa以上，表明炸药发生了爆轰反应。

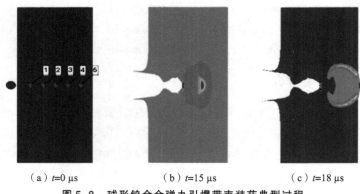

(a) $t=0$ μs　　(b) $t=15$ μs　　(c) $t=18$ μs

图5.8　球形钨合金弹丸引爆带壳装药典型过程

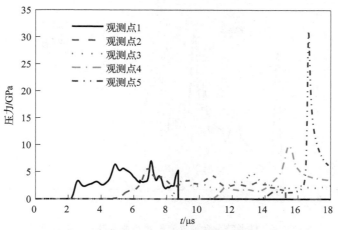

图 5.9　球形钨合金弹丸引爆带壳装药压力时程曲线

2. 柱形钨合金弹丸

长径比为 1 的柱形钨合金弹丸以 2 380 m/s 速度撞击带壳装药，且未能引爆炸药过程如图 5.10 所示，各观测点压力 – 时间历程曲线如图 5.11 所示。从图中可以看出，弹丸首先贯穿装药壳体并向装药内部侵彻，产生的球面冲击波不断向炸药内部传播。但由于碰撞速度较低，初始冲击波压力幅值较低，撞击后炸药内压力峰值仅为 6.9 GPa，且迅速衰减，表明炸药未发生爆轰。

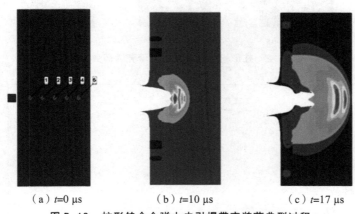

（a）$t=0$ μs　　　（b）$t=10$ μs　　　（c）$t=17$ μs

图 5.10　柱形钨合金弹丸未引爆带壳装药典型过程

碰撞速度升高至 2 400 m/s 时，柱形钨合金弹丸引爆带壳装药典型过程如图 5.12 所示，各观测点压力 – 时间曲线如图 5.13 所示。可以看出，在 $t=16$ μs 时，炸药内形成了明显爆轰波。观测点 4 和观测点 5 处，在 $t=13$ μs 后，炸药内压力迅速上升至 30 GPa 以上，说明此时炸药内已发生了稳定爆轰反应。

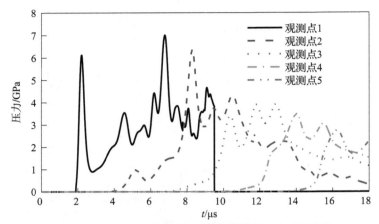

图 5.11　柱形钨合金弹丸未引爆带壳装药压力时程曲线

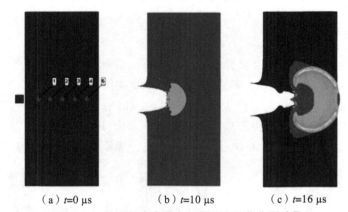

(a) $t=0\ \mu s$　　(b) $t=10\ \mu s$　　(c) $t=16\ \mu s$

图 5.12　柱形钨合金弹丸引爆带壳装药典型过程

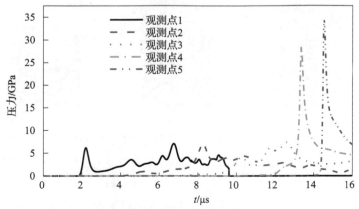

图 5.13　柱形钨合金弹丸引爆带壳装药压力时程曲线

不同长径比条件下，柱形钨合金弹丸引爆带壳 B 炸药临界速度如图 5.14 所示。可以看出，弹丸长径比为 0.5 时，临界引爆速度为 2 430 m/s；长径比增加至 1.0 时，临界引爆速度略有下降，为 2 400 m/s。随着长径比进一步增加，临界速度增加至 2 490 m/s；长径比为 2.0 时，临界速度为 2 540 m/s。以上分析表明，长径比对柱形弹丸临界引爆速度影响显著。从机理上分析，长径比过大时，侧向稀疏波效应增强，传入炸药有效能量密度低；而长径比过小时，弹丸轴向尺寸小，在弹丸尾部形成的反射稀疏波亦会降低传入炸药的有效能量密度，这两种情况均会造成弹丸引爆带壳装药能力下降。

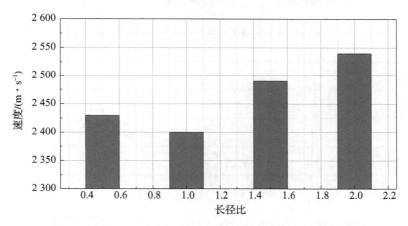

图 5.14　长径比对柱形钨合金弹丸引爆带壳 B 炸药临界速度影响

5.2.3　弹丸质量影响特性

数值模拟中，钨合金弹丸均为圆柱形，尺寸分别为 $\phi 8.0$ mm × 8.0 mm 和 $\phi 9.2$ mm × 9.2 mm，质量分别为 7 g 和 10 g。装药类型为 B 炸药，壳体为厚 10 mm 的 LY12 硬铝。7 g 弹丸未能引爆带壳装药典型计算结果如图 5.15 所示，弹丸以 2 300 m/s 的速度撞击带壳装药后，依靠动能穿透了壳体与装药，但未能引爆 B 炸药。图 5.16 所示为计算得到的各观测点压力 - 时间历程曲线，可以看出，炸药内峰值压力不足 9.5 GPa，且迅速衰减。当碰撞速度达到 2 310 m/s 时，计算结果如图 5.17 ~ 图 5.18 所示，炸药内形成了明显的爆轰波，观测点获取的压力 - 时间历程曲线表明，炸药内压力迅速上升至 30 GPa 以上，炸药发生了爆轰反应。

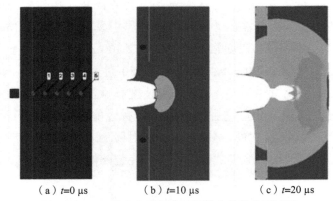

(a) $t=0$ μs　　　(b) $t=10$ μs　　　(c) $t=20$ μs

图 5.15　7 g 钨合金弹丸未引爆带壳装药典型过程

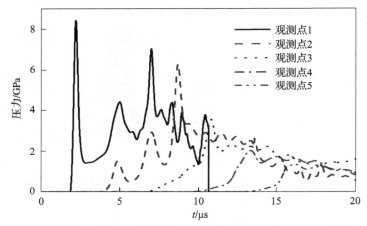

图 5.16　7 g 钨合金弹丸未引爆带壳装药压力时程曲线

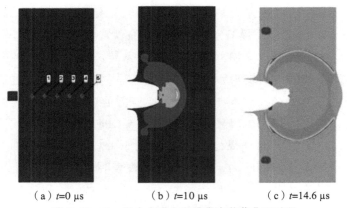

(a) $t=0$ μs　　　(b) $t=10$ μs　　　(c) $t=14.6$ μs

图 5.17　7 g 钨合金弹丸引爆带壳装药典型过程

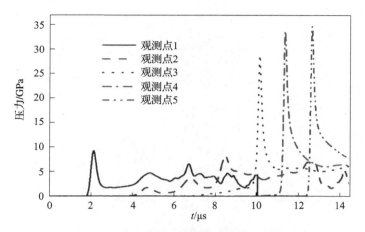

图 5.18　7 g 钨合金弹丸引爆带壳装药压力时程曲线

10 g 柱形钨合金弹丸未能引爆带壳装药典型计算结果如图 5.19 所示,各观测点压力-时间历程曲线如图 5.20 所示。可以看出,弹丸初始碰撞速度为 2 140 m/s,首先依靠动能贯穿壳体,随后与装药作用,产生球面冲击波向炸药内传播。在 $t=18.5\ \mu s$ 后,冲击波传至炸药后边界,反射产生稀疏波传入炸药。在这种情况下,炸药未被引爆,压力峰值仅约 10 GPa,并快速衰减。

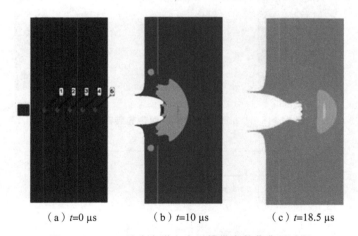

(a) $t=0\ \mu s$　　(b) $t=10\ \mu s$　　(c) $t=18.5\ \mu s$

图 5.19　10 g 钨合金弹丸未引爆带壳装药典型过程

碰撞速度提高至 2 150 m/s 时,10 g 柱形钨合金弹丸引爆带壳装药典型计算结果如图 5.21 所示,各观测点压力-时间历程曲线如图 5.22 所示。可以看出,弹丸撞击炸药产生的冲击波迅速向炸药内部传播,在 $t=16\ \mu s$ 时,成长为爆轰波,炸药内压力迅速上升至 30 GPa 以上,表明炸药发生了爆轰反应。

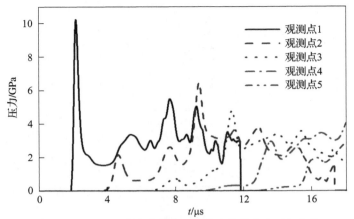

图 5.20　10 g 钨合金弹丸未引爆带壳装药压力时程曲线

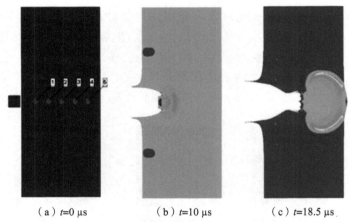

（a）$t=0$ μs　　（b）$t=10$ μs　　（c）$t=18.5$ μs

图 5.21　10 g 钨合金弹丸引爆带壳装药典型过程

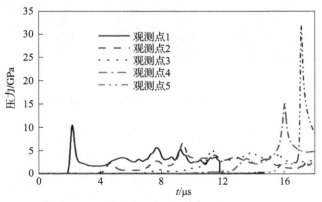

图 5.22　10 g 钨合金弹丸引爆带壳装药压力时程曲线

5.2.4 壳体影响特性

壳体厚度及材料对弹丸冲击作用下,带壳装药引爆特性影响显著。数值模拟中,弹丸质量为 4.56 g,材料为钨合金,尺寸为 $\phi 7.0\ \text{mm} \times 7.0\ \text{mm}$。装药为 B 炸药,壳体材料分别选择 LY12 硬铝和 A3 钢,厚度均为 6 mm。

1. LY12 硬铝

柱形钨合金弹丸以 2 270 m/s 速度撞击未引爆带壳装药典型计算结果如图 5.23 所示,各观测点压力 – 时间历程曲线如图 5.24 所示。初始撞击时,观测点 1 压力峰值最高,约为 15.8 GPa,但随后快速衰减,表明 B 炸药未被成功引爆。弹丸速度升高至 2 275 m/s 时,典型作用过程如图 5.25 所示,炸药内各观测点压力 – 时间历程曲线如图 5.26 所示。在初始撞击下,炸药迅速被引爆,除观测点 1 外,其余观测点处相继出现压力峰值,且最高可达 30 GPa 以上,表明 B 炸药在钨合金弹丸作用下发生了稳定爆轰。

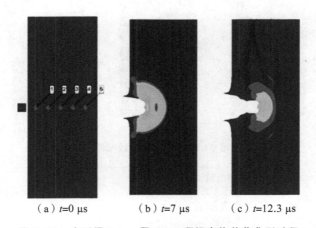

(a) $t=0\ \mu s$ (b) $t=7\ \mu s$ (c) $t=12.3\ \mu s$

图 5.23　未引爆 6 mm 厚 LY12 硬铝壳体装药典型过程

2. A3 钢

装药壳体变为 A3 钢时,柱形钨合金弹丸以 2 390 m/s 速度撞击,且未引爆 B 炸药典型作用过程如图 5.27 所示,各观测点压力 – 时间历程曲线如图 5.28 所示。相比之下,碰撞速度增加至 2 400 m/s 时,装药被成功引爆,典型作用过程如图 5.29 所示,各观测点压力 – 时间历程曲线如图 5.30 所示。

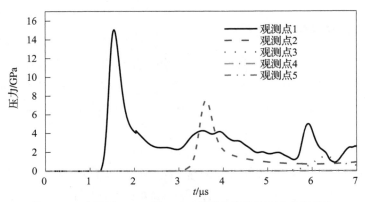

图 5.24 未引爆 6 mm 厚 LY12 硬铝壳体装药压力时程曲线

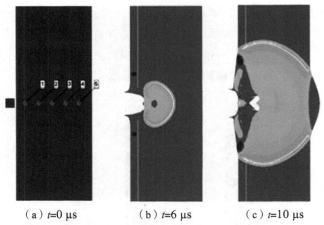

(a) $t=0$ μs   (b) $t=6$ μs   (c) $t=10$ μs

图 5.25 引爆 6 mm 厚 LY12 硬铝壳体装药典型过程

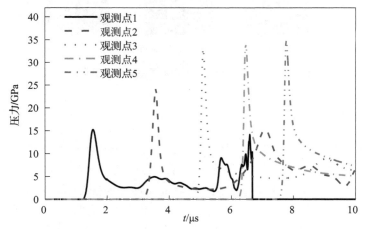

图 5.26 引爆 6 mm 厚 LY12 硬铝壳体装药压力时程曲线

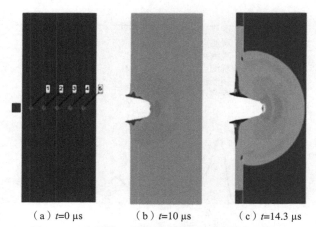

（a）$t=0$ μs　　（b）$t=10$ μs　　（c）$t=14.3$ μs

图 5.27　未引爆 6 mm 厚 A3 钢壳体装药典型过程

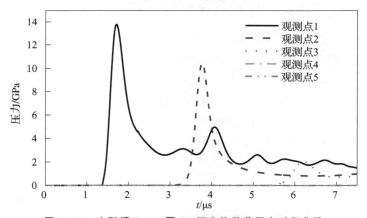

图 5.28　未引爆 6 mm 厚 A3 钢壳体装药压力时程曲线

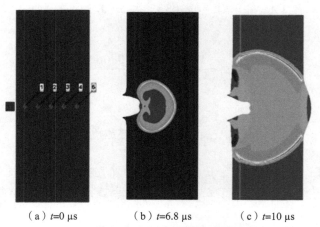

（a）$t=0$ μs　　（b）$t=6.8$ μs　　（c）$t=10$ μs

图 5.29　引爆 6 mm 厚 A3 钢壳体装药典型过程

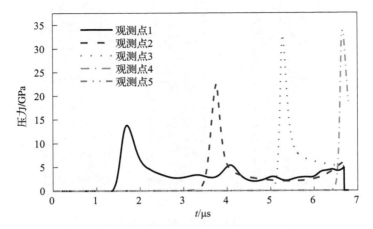

图 5.30 引爆 6 mm 厚 A3 钢壳体装药压力时程曲线

柱形钨合金弹丸速度较低时,炸药中压力峰值约为 14 GPa,后续则快速衰减;随着弹丸速度增加,各观测点压力峰值不断升高,且观测点 4 压力峰值最高,可达到 35 GPa,表明炸药发生了稳定爆轰。

除数值仿真,国内外学者还开展了大量理论研究,获得了惰性弹丸引爆带壳装药概率经验公式,如苏联引爆概率公式和 Jacobs – Roslund 公式。

苏联学者通过实验,得到了引爆概率 P_{ex} 的经验公式。

当 $10^{-6}A_1 \leqslant 6.5 + 100a_1$ 时,
$$P_{ex}(A_1, a_1) = 0$$

当 $10^{-6}A_1 > 6.5 + 100a_1$ 时,
$$P_{ex}(A_1, a_1) = 1 - 0.303 \mathrm{e}^{-5.6u_j} \sin(0.34 + 1.84u_j)$$

式中

$$u_j = \frac{10^{-8}A_1 - a_1 - 0.065}{1 + 3a_1^{2.31}}$$

$$A_1 = 5 \times 10^{-3} \rho_e m_f^{2/3} v_f$$

$$a_1 = 5 \times 10^{-2} \frac{\rho_{m1}\delta_1 + \rho_{m2}\delta_2}{m_f^{1/3}}$$

式中,ρ_e 为被引爆炸药密度;ρ_{m1} 为被引爆物外壳密度;δ_1 为被引爆物外壳厚度;ρ_{m2} 为装药壳体金属密度;δ_2 为装药壳体金属厚度;v_f 为弹丸速度;m_f 为弹丸质量。

单个弹丸对 100 kg 和 200 kg 爆破弹地面引爆实验结果列于表 5.6。

表 5.6　单个弹丸引爆概率

m_f/g	v_f/(m·s^{-1})	密度/(块·m^{-2})	引爆概率
9~10	1 600	4.5	14/30 = 0.47
12~13	1 720	3.1	19/30 = 0.63

Jacobs-Roslund 主要用来预测弹丸撞击炸药临界冲击起爆速度，表述为

$$v_C = \frac{A}{\sqrt{D\cos\theta}}(1+B)\left(1+\frac{CT}{D}\right) \tag{5.49}$$

式中，v_C 为炸药爆炸临界碰撞速度，km/s；A 为炸药敏感系数，mm$^{\frac{3}{2}}$/μs；B 为弹丸形状系数；C 为壳体保护系数；T 为壳体厚度，mm；D 为弹丸主要尺寸，mm；θ 为撞击入射角。

弹丸形状及着靶姿态对起爆炸药有较大影响，弹丸形状系数 B 表述为

$$B = 1.77 - 0.00725 \cdot \alpha \tag{5.50}$$

式中，α 为弹丸头部锥角，范围为 70°~160°，如图 5.31 所示。

如果弹丸为正圆柱形，头部锥角大于 160°，则形状系数为

$$B = \frac{T}{D} \tag{5.51}$$

对立方体弹丸，如果不是面撞击的情况，则 α 为

$$\alpha = 180° - 2\beta \tag{5.52}$$

式中，β 为最接近目标面的弹丸面与目标面的夹角，如图 5.31 所示。

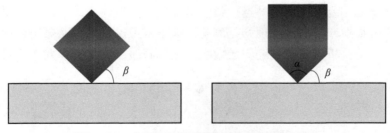

图 5.31　立方体和锥形弹丸撞击靶板角度关系

以 Weibull 函数为基础，起爆概率可根据下式计算

$$\begin{cases} P(v_r) = 1 - \exp[-B_5(v_r - B_6)^{B_7}] & v_r \geq B_6 \\ P(v_r) = 0 & v_r < B_6 \end{cases} \tag{5.53}$$

式中，$P(v_r)$ 为弹丸以速度 v_r 撞击炸药的起爆概率；常数 B_6、B_7 和 B_5 基于 Jacobs-Roslund 方程计算得到。

$$B_6 = v_{\min}$$
$$B_7 = -1.9/\ln\left(\frac{v_{\mathrm{mid}} - v_{\min}}{v_{\max} - v_{\min}}\right) \qquad (5.54)$$
$$B_5 = -4.61/(v_{\max} - v_{\min})^{B_7}$$

在 Jacobs – Roslund 方程中，如果弹丸以最有利姿态撞击目标靶，就可得到最小临界速度 $v_{\min}$；以最不利姿态撞击靶板，就可得到 $v_{\max}$；v_{mid} 介于两者之间，需要通过实验或经验方法得到，也可取 $v_{\min}$ 和 $v_{\max}$ 两者的平均值进行估算。

|5.3　带壳装药引爆毁伤增强实验|

显著不同于惰性金属弹丸，活性弹丸除通过碰撞产生冲击波，更重要的是会在贯穿壳体后，发生化学反应，向炸药装药内释放化学能，显著降低引爆装药所需碰撞速度，增强了对炸药装药的引爆能力。本节主要基于引爆带壳装药实验，分析活性弹丸对带壳装药引爆毁伤增强效应。

5.3.1　实验方法

活性弹丸引爆带壳装药实验原理如图 5.32 所示，活性弹丸如图 5.33 所示。弹丸质量为 10 g，直径为 17.4 mm，高 17.4 mm。实验系统主要由 25 mm 口径弹道炮、活性弹丸、测速网靶和带壳装药模拟靶组成。活性弹丸通过尼龙弹托安装于专用发射药筒，并通过弹道炮发射，发射速度通过调整发射药量实现，并通过模拟靶前方的测速网靶测量。弹靶作用过程由高速摄影机记录。除活性弹丸，为分析对带壳装药引爆效应，选择同质量钨合金弹丸作为对比。

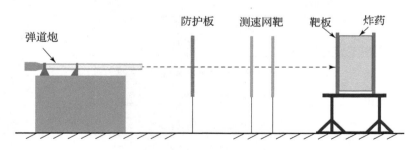

图 5.32　带壳装药冲击引爆实验原理

图 5.33 活性弹丸

实验中所用带壳装药模拟结构如图 5.34 所示，主要由注装 B 炸药和金属壳体组成。金属壳体分别为 LY12 硬铝和 A3 钢，厚度分别为 10 mm 和 6 mm。注装 B 炸药侧面和背部均无约束，装药尺寸为 $\phi 150\ mm \times 50\ mm$。

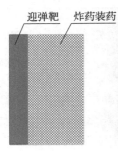  

（a）基本结构　　　　（b）铝迎弹靶模拟件　　　　（c）钢迎弹靶模拟件

图 5.34 带壳装药

5.3.2 实验结果

活性弹丸和钨合金弹丸碰撞带壳装药实验结果分别列于表 5.7 和表 5.8。从表中可以看出，活性弹丸以高于 1 171 m/s 速度撞击铝壳体装药，或以高于 1 287 m/s 速度撞击钢壳体装药条件下，均成功引爆 B 炸药。

表 5.7 活性弹丸碰撞带壳装药实验结果

序号	碰撞速度/($m \cdot s^{-1}$)	壳体材料	壳体厚度/mm	现象
1	1 171	LY12 铝	10	装药爆轰
2	1 365	LY12 铝	10	装药爆轰
3	1 510	LY12 铝	10	装药爆轰

续表

序号	碰撞速度/(m·s⁻¹)	壳体材料	壳体厚度/mm	现象
4	1 287	A3 钢	6	装药爆轰
5	1 350	A3 钢	6	装药爆轰
6	1 631	A3 钢	6	装药爆轰

表 5.8 钨合金弹丸碰撞带壳装药实验结果

序号	碰撞速度/(m·s⁻¹)	壳体材料	壳体厚度/mm	现象
1	1 135	A3 钢	6	装药碎裂
2	1 283	A3 钢	6	装药碎裂
3	1 527	A3 钢	6	装药碎裂

然而，钨合金弹丸撞击 A3 钢壳体装药时，实验中仅观察到壳体机械穿孔，装药发生碎裂，但 B 炸药均未被成功引爆。

活性弹丸以 1 365 m/s 速度撞击铝壳体装药实验结果如图 5.35 所示，高速摄影如图 5.36 所示。从图中可以看出，受爆轰产物和冲击压力作用，实验前倚靠在防护室一侧、重约 2 000 kg 的防护板被推翻，炸药爆轰过程发出耀眼白光。活性弹丸以 1 350 m/s 速度撞击钢壳体装药实验照片如图 5.37 所示，活性弹丸撞击引爆钢壳体装药的高速摄影如图 5.38 所示。可以看出，活性弹丸撞击引爆钢壳体装药行为与图 5.35~图 5.36 类似。

(a) 碰撞前　　　　　　　　(b) 碰撞后
图 5.35 活性弹丸碰撞引爆铝壳体装药实验照片

钨合金弹丸以 1 527 m/s 速度碰撞钢壳体装药实验照片如图 5.39 所示，钨合金弹丸引爆钢壳体装药典型高速摄影如图 5.40 所示，从图中可以看出，钨合金弹丸碰撞后，未能引爆带壳装药，仅造成注装 B 炸药碎裂。

第 5 章　引爆毁伤增强效应

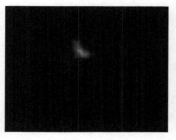
（a）$t=2.8$ ms

（b）$t=3.6$ ms

（c）$t=6.8$ ms

（d）$t=12$ ms

图 5.36　活性弹丸引爆铝壳体装药高速摄影

（a）碰撞前

（b）碰撞后

图 5.37　活性弹丸引爆钢壳体装药实验照片

（a）$t=2.4$ ms

（b）$t=3.4$ ms

图 5.38　活性弹丸引爆钢壳体装药高速摄影

(c) $t=8$ ms   (d) $t=25$ ms

图 5.38　活性弹丸引爆钢壳体装药高速摄影（续）

(a) 碰撞前   (b) 碰撞后

图 5.39　钨合金弹丸未引爆钢壳体装药实验照片

(a) $t=2.6$ ms   (b) $t=3.7$ ms   (c) $t=5$ ms

图 5.40　钨合金弹丸未引爆钢壳体装药高速摄影

5.3.3　实验分析

在活性弹丸引爆带壳装药数值模拟中，活性材料、LY12 铝、A3 钢采用 Johnson – Cook 强度模型和 Shock 状态方程描述，B 炸药采用 Lee – Tarver 模型描述。因此，数值模拟中未考虑活性毁伤材料激活及化学反应对带壳装药的引爆增强效应。但通过数值模拟，可获得不同弹靶作用条件下的冲击起爆速度阈值,因此可为分析活性弹丸引爆带壳装药机理提供参考。

10 g 活性弹丸以 1 350 m/s 速度撞击 6 mm 厚 A3 钢壳体装药数值模拟结果如图 5.41 所示。从图中可以看出,在装药内部观测点 1 处形成的冲击波压力不足 2 GPa,且随时间迅速衰减,活性弹丸未能引爆钢壳体装药。利用"升–降"法可知,活性弹丸冲击起爆钢壳体装药临界速度约为 2 250 m/s,如图 5.42 所示,装药内发生了明显的压力突越,压力峰值高达 30 GPa。显然,该临界起爆速度明显高于活性弹丸引爆钢壳体装药实验中的起爆速度。通过活性弹丸撞击 10 mm 厚 LY12 铝壳体装药数值模拟与实验对比,也得到了类似结论,均表明了活性弹丸化学能释放造成的引爆增强效应。

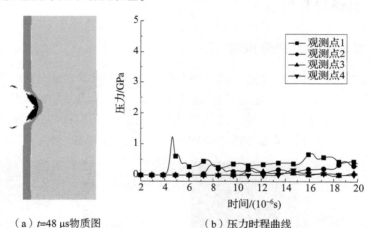

(a) t=48 μs 物质图　　(b) 压力时程曲线

图 5.41　活性弹丸以 1 350 m/s 速度撞击钢壳体装药模拟结果

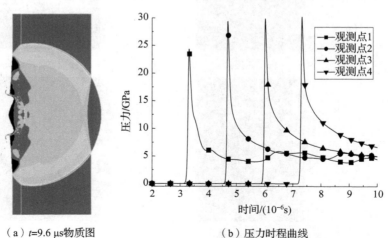

(a) t=9.6 μs 物质图　　(b) 压力时程曲线

图 5.42　活性弹丸以 2 250 m/s 速度撞击钢壳体装药模拟结果

5.4 带壳装药引爆毁伤增强机理

活性弹丸基于动能与爆炸化学能的时序联合作用,大幅提升了对带壳装药的引爆毁伤增强能力。本节主要分析活性弹丸对带壳装药的引爆机理,建立活性弹丸引爆增强模型,分析引爆增强概率。

5.4.1 引爆增强行为

1. 惰性金属弹丸引爆机理

惰性金属弹丸引爆带壳装药的主要机理为冲击波引爆机理,其典型过程如图 5.43 所示。当弹丸以一定速度碰撞带壳装药时,先通过动能侵彻作用贯穿壳体,并向炸药装药中传入冲击波,强冲击波扫过炸药装药时,波阵面处装药受到压缩作用,密度、温度和压力急剧上升,使装药内部产生非均匀分布的热

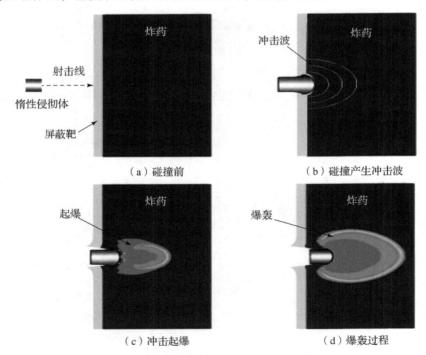

图 5.43 惰性金属弹丸冲击引爆行为

点,当热点温度超过炸药分解温度时,炸药内部就会发生局部点火反应,释放出化学能,并有可能逐步成长为爆轰反应。一般而言,炸药装药内单位时间形成的热点数越多,被引爆的概率就越高。在惰性金属弹丸材料和结构形状一定的条件下,引爆能力强弱,除显著依赖于碰撞速度、角度等因素外,还与壳体材料、厚度、炸药类型、装药密度等紧密相关。

需要说明的是,除冲击波引爆机理,宏观剪切也是惰性金属弹丸引爆带壳装药的重要机理之一。一般来说,装药壳体较薄时,冲击波引爆机理主导爆轰引发过程,而壳体较厚或炸药感度较低时,宏观剪切效应往往占主导作用。

2. 活性弹丸引爆增强机理

活性弹丸碰撞带壳装药引爆增强过程如图 5.44 所示。从图中可以看出,显著不同于惰性金属弹丸,当活性弹丸以一定速度碰撞带壳装药时,除了产生与惰性金属弹丸类似的冲击波引爆机理外,更重要的是,活性毁伤材料贯穿壳体后会发生爆燃反应,增加了输入炸药装药的起爆能量,如同雷管一样,起二次引爆作用,显著增强了对炸药装药的引爆能力。另外,活性弹丸只需贯穿壳体即可向炸药装药内释放化学能,显著降低了所需碰撞速度,从而使活性弹丸

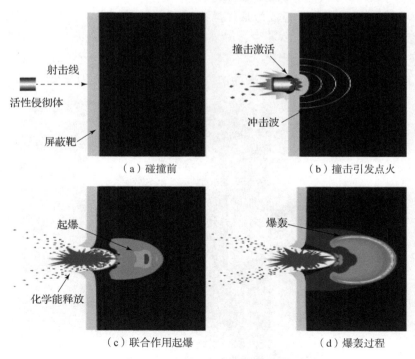

图 5.44 活性弹丸冲击引爆行为

可在更低速度阈值下引爆带壳装药。

5.4.2 引爆增强模型

活性弹丸以一定速度撞击带壳装药，在撞击界面处分别形成左行与右行冲击波。左行冲击波传入活性弹丸，右行冲击波将传入壳体并最终传入炸药。活性弹丸与带壳装药相互作用过程中，活性弹丸依靠动能侵彻壳体同时，自身被激活。为便于分析活性弹丸动能效应，在分析中忽略活性弹丸撞击、侵彻过程中的化学反应。基于以上假设，圆柱形活性弹丸以速度 v 撞击带壳装药时，壳体中形成的初始冲击波压力 p 满足

$$p_0 = \rho_0 [a_0 + b_0(v - u_1)](v - u_1) \tag{5.55}$$
$$p_1 = \rho_1 (a_1 + b_1 u_1) u_1 \tag{5.56}$$

式中，u 为质点速度；ρ 为材料密度；a、b 为材料的雨果尼奥参数；下标 0、1 分别代表活性弹丸与壳体。

压力为 p_1 的冲击波传播至壳体另一端时，强度衰减为 p_1'，表述为

$$p_1' = p_1 \exp(-\alpha x) \tag{5.57}$$

式中，α 为衰减系数；x 为冲击波传播距离。

弹丸撞击带壳装药可等效为某一弹丸（弹丸材料与壳体材料相同）以 $2u_1'$ 的速度直接撞击裸露炸药，其中，u_1' 对应 p_1'。需要特别说明的是，该等效弹丸半径 r_e 与活性弹丸初始半径 r_0 不同，其值可由图 5.45 所示波的关系计算；计算公式中的 D、c 和 h 分别代表冲击波速、当地声速及靶板厚度。

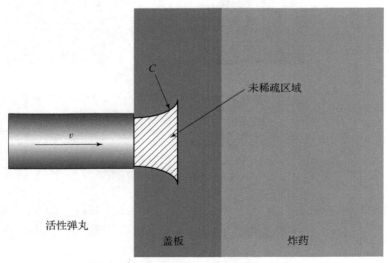

图 5.45 活性弹丸撞击带壳装药力学响应

撞击形成的初始冲击波到达壳体与炸药界面的时间为

$$T = \frac{h}{D_1} \tag{5.58}$$

在 T 时刻壳体厚度为

$$h' = h \cdot \frac{D_1 - u_1}{D_1} \tag{5.59}$$

壳体中稀疏波速 c_1 大于或等于活性弹丸中稀疏波速 c_0，活性弹丸边缘产生的稀疏波是一个以活性弹丸边缘点 C 为圆心、$c_1 t$ 为半径的圆弧。于是有

$$(c_1 t)^2 = s^2 + (r_0 - r)^2 \tag{5.60}$$

式中，s 为初始冲击波阵面到活性弹丸的垂直距离；r 为对应 s 的初始冲击波半径。由式（5.60）可得初始冲击波在 T 时刻对应的半径 r_c 为

$$r_c = r_0 [c_1^2 - (D_1 - u_1)^2]^{1/2} \frac{h_1}{D_1} \tag{5.61}$$

炸药中形成的初始冲击波压力 p_2，可由以下两式求得

$$p_2 = \rho_2 (a_2 + b_2 u_2) u_2 \tag{5.62}$$

$$p_2 = \rho_1 [a_1 + b_1 (2u_1' - u_2)] (2u_1' - u_2) \tag{5.63}$$

式中，下标 2 代表炸药。

炸药冲击起爆阈值既与冲击波压力 p 有关，又与冲击波脉冲宽度 τ 有关。压力峰值 p 较高但脉冲持续时间 τ 太短的冲击波，不一定能引爆炸药，而压力幅值 p 较低，但脉冲持续时间 τ 长的冲击波却往往能引爆炸药。基于炸药临界起爆能量判据，半径为 r_c 的等效杆体撞击炸药后，受加载面边缘稀疏波作用，杆体未受稀疏波影响的区域可近似为圆柱体。杆体传递给炸药的能量近似为

$$E_{\text{total}} = \int_0^\tau p_2 u_2 \pi (r_c - c_1 t)^2 \mathrm{d}t \tag{5.64}$$

式中，$\tau = r_c / c_1$，是压力脉冲 p_2 作用时间，即等效杆体内侧向稀疏波扫过弹丸半径所需时间。

碰撞瞬间初始截面积为 πr_c^2，则杆体传递给炸药的能量密度为

$$E = \frac{E_{\text{total}}}{\pi r_c^2} \tag{5.65}$$

对式（5.65）积分，可得炸药内能量密度表达式为

$$E_m = \frac{p_2 u_2 r_c}{3 c_1} \tag{5.66}$$

式（5.66）表明，仅当 $E_m \geq E_c$ 时，弹丸才能冲击起爆带壳装药，其中 E_c 为炸药冲击起爆临界能量流值。

通过式（5.66）所得圆柱形活性弹丸撞击钢壳体装药时输入炸药内能量

密度与碰撞速度的关系如图 5.46 所示。计算中，活性弹丸质量为 10 g，直径和高度均为 17.4 mm，壳体为 6 mm 厚 A3 钢。可以看出，活性弹丸冲击引爆钢壳体装药临界速度约为 2 300 m/s，大于实验所得临界速度值。

造成两者差异的主要原因在于，理论分析中，未考虑活性材料被激活及化学反应释能的影响，同时也体现了活性弹丸对带壳装药的引爆增强能力。从机理角度分析，活性弹丸撞击/侵彻带壳装药过程中被激活，进入炸药内发生剧烈化学反应，造成炸药迅速升温，在炸药内形成大量热点，最终引发炸药发生爆轰，从而显著增强了对带壳装药的引爆能力。

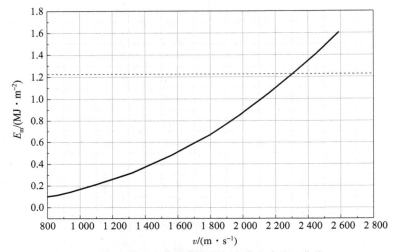

图 5.46　输入炸药能量密度与碰撞速度关系曲线

参 考 文 献

[1] AMES R G. Vented chamber calorimetry for impact-initiated energetic materials [R]. 43rd AIAA Aerospace Sciences Meeting and Exhibit, Reno, Nevada, 2005.

[2] AMES R G. Energy release characteristics of impact-initiated energetic materials [C]//Proceedings of Materials Research Society Symposium, Boston, 2006.

[3] AMES R G. A standardized evaluation technique for reactive warhead fragments [C]//Proceedings of 23RD International Symposium on Ballistics, Tarragona, 2007.

[4] WANG H F, ZHENG Y F, YU Q B, et al. Impact-induced initiation and energy release behavior of reactive materials [J]. Journal of Applied Physics, 2011, 110 (7): 74904.

[5] WANG H F, LIU Z W, WANG H, et al. Impact-initiated characteristics of reactive material fragments [C]//Theory and Practice of Energetic Materials. Xi'an, 2007.

[6] BATSANOV S S. Effects of Explosions and Materials [M]. New York: Springer-Verlag, 1994.

[7] 傅华, 谭多望, 李金河, 等. 未反应 JOB-9003 炸药冲击 Hugoniot 关系测试 [J]. 高压物理学报, 2009, 23 (6): 427-432.

[8] XU F Y, GENG B Q, ZHANG X B, et al. Experimental study on behind-plate overpressure effect by reactive material projectile [J]. Propellants, Explosives, Pyrotechnics, 2017, 42: 192-197.

[9] ZHENG Y F, MA H B, GUO H G, et al. Critical deflagration criterion of PTFE/Al/W reactive materials [J]. Journal of Physics: Conference Series, 2020, 1507, 102005.

[10] YOSSIFON G, YARIN A L. Behind-the-armor debris analysis [J]. International Journal of Impact Engineering, 2002, 27: 807-835.

[11] PEDERSEN B, BLESS S. Behind-armor debris from the impact of hypervelocity tungsten penetrators [J]. International Journal of Impact Engineering,

2006, 33: 605-614.

[12] KIPP M, GRADY D, SWEGLE J. Numerical and experimental studies of high velocity impact fragmentation [J]. International Journal of Impact Engineering, 1993, 14: 427-438.

[13] GRADY D E. Particle size statistics in dynamic fragmentation [J]. Journal of Applied Physics, 1990, 12 (68): 6099-6105.

[14] 李向东, 杜忠华. 目标易损性 [M]. 北京: 北京理工大学出版社, 2013.

[15] 康爱花, 陈智刚, 付建平. 球形破片侵彻高强度装甲钢的弹道极限速度计算 [J]. 中北大学学报（自然科学版）, 2015, 36 (6): 647-651.

[16] 黄长强, 朱鹤松. 球形破片对靶板极限穿透速度公式的建立 [J]. 弹箭与制导学报, 1993, 2: 58-61.

[17] 隋树元, 王树山. 终点效应学 [M]. 北京: 国防工业出版社, 2019.

[18] 张先锋, 李向东, 沈培辉, 等. 终点效应学 [M]. 北京: 北京理工大学出版社, 2017.

[19] 钱伟长. 穿甲力学 [M]. 北京: 科学出版社, 2019.

[20] XU F Y, ZHENG Y F, YU Q B, et al. Experimental study on penetration behavior of reactive material projectile impacting aluminum plate [J]. International Journal of Impact Engineering, 2016, 95: 125-132.

[21] ROSENBERG Z, BLESS S J and GALLAGHER J P. A model for hydrodynamic ram failure based on fractrue mechanics analysis [J]. International Journal of Impact Engineering, 1987, 6 (1): 51-61.

[22] XU F Y, ZHENG Y F, YU Q B, et al. Damage effects of aluminum plate by reactive material projectile impact [J]. International Journal of Impact Engineering, 2017, 104: 38-44.

[23] 北京工业学院八系编写组. 爆炸及其作用（上册）[M]. 北京: 国防工业出版社, 1979.

[24] LLOYD R M. Physics of Direct Hit and Near Miss Warhead Technology [M]. Progress in Astronautics and Aeronautics, 2001.

[25] XU F Y, YU Q B, ZHENG Y F, et al. Damage effects of double-spaced aluminum plates by reactive material projectile impact [J]. International Journal of Impact Engineering, 2017, 104: 13-20.

[26] 徐锋悦. 活性材料破片冲击响应与毁伤行为研究 [D]. 北京: 北京理工大学, 2017.

[27] VARAS D, LOPEZ – PUENTE J, ZAERA R. Experimental analysis of fluid – filled aluminium tubes subjected to high – velocity impact [J]. International Journal of Impact Engineering, 2009, 36: 81 –91.

[28] VARAS D, ZAERA R, LOPEZ – PUENTE J. Numerical modelling of partially filled aircraft fuel tanks submitted to hydrodynamic ram [J]. Aerospace Science and Technology, 2012, 16: 19 –28.

[29] VARAS D, ZAERA R, LOPEZ P J. Numerical modelling of the hydrodynamic ram phenomenon [J]. International Journal of Impact Engineering, 2009, 36: 363 –374.

[30] LECYSYN N, DANDRIEUX A, HEYMES F, et al. Ballistic impact on an industrial tank: study and modeling of consequences [J]. Journal of Hazardous Materials, 2009, 172: 587 –594.

[31] LEE M, LONGORIA R G, WILSON D E. Cavity dynamics in high – speed water entry [J]. Phys. Fluids, 1997, 9: 540.

[32] LUNDSTROM E A. Fluid dynamic analysis of hydraulic ram [R]. Naval Weapons Center, China Lake, CA, Report No. NWC TP 5227, July 1971.

[33] HUANG W, ZHANG W, REN P, GUO Z T, YE N, LI D C, GAO Y B. An experimental investigation of water – filled tank subjected to horizontal high speed impact [J]. Experimental Mechanics, 2015, 55: 1123 –1138.

[34] REN P, ZHOU J Q, TIAN A L, YE R C, SHI L, ZHANG W. Experimental investigation on dynamic failure of water – filled vessel subjected to projectile impact [J]. International Journal of Impact Engineering, 2018, 117: 153 –163.

[35] REN P, SHI L, YE R C, et al. A combined experimental and numerical investigation on projectiles penetrating into water – filled container [J]. Thin – Walled Structures, 2019, 143: 106230.

[36] MOUSSA N A, WHALE M D, GROSZMANN D E, ZHANG X J. The potential for fuel tank fire and hydrodynamic ram from uncontained aircraft engine debris [R]. Office of Aviation Research, U. S. Department of Transportation. DOT/FAA/AR –96/95, 1997.

[37] ARTERO – GUERRERO J A, PERNAS – SANCHEZ J, LOPEZ – PUENTE J, VARAS D. On the influence of filling level in CFRP aircraft fuel tank subjected to high velocity impacts [J]. Composite Structures, 107 (2014): 570 –577.

[38] WANG H F, XIE J W, GE C, et al. Experimental investigation on enhanced damage to fuel tanks by reactive projectiles impact [J]. Defence Technology, https://doi.org/10.1016/j.dt.2020.03.017.

[39] ROSENCRANTZ S D. Characterization and modeling methodology of polytetrafluorothylene based reactive materials for the development of parametric models [D]. Dayton, OH, US: Wright State University, 2007.

[40] 章冠人, 陈大年. 凝聚炸药起爆动力学 [M]. 北京: 国防工业出版社, 1991.

[41] 彭亚晶, 叶玉清. 含能材料起爆过程"热点"理论研究进展 [J]. 化学通报, 2015, 78 (8): 693-701.

[42] KOCH E. Metal-fluorocarbon based energetic materials [M]. New York: John Wiley & Sons, 2012.

[43] FIELD J E, BOURNE N K, PALMER S J, et al. Energetic materials-hot-spot ignition mechanisms for explosives and propellants [J]. Philosophical Transactions of the Royal Society a Mathematical Physical & Engineering Sciences, 1992, 339 (154): 269-283.

[44] FIELD J E. Hot spot ignition mechanisms for explosives [J]. Philosophical Transactions of the Royal Society a Mathematical Physical and Engineering Sciences, 1992, 339 (154): 269-283.

[45] BOWDEN F P, YEFFE A D, HUDSON G E. Initiation and growth of explosion in liquids and solids [J]. American Joural of Physics, 1985, 20 (4): 250.

[46] ARMSTRONG R W, ELBAN W L. Materials science and technology aspects of energetic (explosive) materials [J]. Materials Science & Technology, 2013, 22 (4): 381-395.

[47] WALKER F E, WASLEY R J. Critical energy for shock initiation of heterogeneous explosives [J]. Explosive stoffe, 1969 (1): 9-13.

[48] BABL K L, VANTINE H C, WEINGART R C. The shock initiation of bare and covered explosives by projectile impact [A]. 7th Symposium on Detonation, Annapolis, Md., 1981: 325-333.

[49] HOWE P M. On the role of shock and shock and shear mechanism in the initiation of detonation by fragment impact [A]. 8th Symposium on Detonation, 1985: 1150-1159.

[50] FREY R B. The initiation of explosive charges by rapid shear [A]. 7th Sym-

posium on Detonation, 1981: 36-42.

[51] LU D W, WANG H F, LEI M A, et al. Enhanced initiation behavior of reactive material projectiles impacting covered explosives [J]. Propellants Explosives Pyrotechnics, 2017, 42, 1-8.

[52] WANG H F, ZHENG Y F, YU Q B, et al. Initiation behaviors of covered explosives subjected to reactive fragment [J]. Joural of Beijing Institute of Technology, 2012, 21 (2): 143-149.

索 引

0~9（数字）

3 mm/3 mm 双层间隔铝靶后效靶毁伤效应
（图） 126

6 mm/3 mm 双层间隔铝靶后效靶毁伤效应
（图） 127

6 mm/6 mm 双层间隔铝靶后效靶毁伤效应
（图） 128

7 g 钨合金弹丸未引爆带壳装药（图） 216
  典型过程（图） 216
  压力时程曲线（图） 216

7 g 钨合金弹丸引爆带壳装药（图）
216、217
  典型过程（图） 216
  压力时程曲线（图） 217

10 g 活性弹丸 229

10 g 钨合金弹丸未引爆带壳装药（图）
217、218
  典型过程（图） 217
  压力时程曲线（图） 218

10 g 钨合金弹丸引爆带壳装药（图） 218
  典型过程（图） 218
  压力时程曲线（图） 218

A~Z（英文）

A3 钢 219
B 炸药参数（表） 211
Johnson – Cook 强度模型 60
JWL 状态方程 211

Lee – Tarver 点火 – 增长模型 210
LY12 硬铝 219
Mie – Gruneisen 状态方程 57、58
Powder – Burn 模型 112
$p-v$ 状态平面 58、59
  分区（图） 58
Shock 状态方程 57
Steinberg – Guinan 强度模型特点 60
THOR 方程 47、48
Tillotson 状态方程 59

B

靶板 43、65~73、97、105、109、111
  内部压力时程曲线（图） 65、68、71、73、105、109、111
  破坏模式（图） 43
  侵孔直径影响 97
靶板材料 40
  对平均碎裂尺寸影响 40
  对平均碎片尺寸影响（图） 40
靶板穿孔 74
  行为 74
靶板厚度 11、16~18、34、37、38、65、66、82、105、106、118
  对爆燃正压持续时间影响（图） 18
  对弹道极限速度影响（图） 82
  对侵彻行为影响（图） 65、66
  对双层间隔铝靶毁伤效应影响（图） 106

索 引

　　对碎片云特性影响（图）　37、38
　　对钨合金弹丸侵彻双层间隔铝靶的影响特性　105
　　　对压力峰值影响（图）　16
　　　对正压上升时间影响（图）　17
　　　和碰撞速度对激活长度影响（图）　34
靶板厚度影响　11、37、65、105、118
　　特性　105、118
靶板间距　109～121
　　对后效靶毁伤效应影响（图）　121
　　对活性弹丸毁伤效应影响（图）　120、121
　　对双层间隔铝靶毁伤效应影响（图）　109
　　对钨合金弹丸侵彻双层间隔铝靶毁伤效应影响　109
　　影响特性　109、120
靶后碎片云　36
半无限靶板破坏模式（图）　44
薄靶　85、87
　　爆裂增强模型　87
　　弹道侵彻增强机理（图）　85
薄铝靶　87
爆裂毁伤　137
　　模型　137
不同靶板厚度条件下　106、107
　　后效靶毁伤效应（图）　107
　　双层间隔铝靶穿孔面积（表）　107
　　迎弹靶毁伤效应（图）　106
不同靶板间距下　110、121
　　后效靶毁伤效应（图）　110
　　后效靶毁伤参数（表）　121
不同初速弹丸运动速度时间历程（图）　152
不同弹靶材料的 a、b 值（表）　52
不同空隙率太安炸药热点温度与冲击波强度关系（图）　206

不同密度活性弹丸压力特性（表）　20
不同碰撞速度下　9～11、103、104、118
　　峰值超压和正压上升时间（图）　10、11
　　后效靶毁伤参数（表）　118
　　后效靶毁伤效应（图）　103
　　双层间隔铝靶穿孔面积（表）　104
　　压力时程曲线（图）　9、10
　　迎弹靶毁伤效应（图）　103
　　正压持续时间（图）　11
不同速度碰撞 6mm 迎弹面靶压力时程曲线（图）　13、14
不同速度碰撞 10mm 迎弹面靶压力时程曲线（图）　14～16
不同迎弹靶厚度下后效靶毁伤参数（表）　119

C

材料爆燃　77
　　行为　77
材料弹道极限速度 THOR 方程参数（表）　48
材料模型选择　57
材料配方　132
　　影响　132
材料剩余速度/质量 THOR 方程参数（表）　48
参考文献　235
长径比　62、215
　　对柱形钨合金弹丸引爆带壳 B 炸药临界速度影响（图）　215
超压测试罐　5
冲击参数预估模型　27
冲击空穴形成剪切带过程（图）　207
冲击起爆理论　198、201
冲击压缩　28
冲击引爆数值模拟　209

冲塞理论 49

冲塞式破坏 84～87、86（图）、91

　　过程 87

初速对液体内压力影响（图） 153、154

　　压力冲量影响（图） 154

穿孔行为实验结果（表） 76

脆性破坏 42

D

带壳活性弹丸后效靶毁伤情况（图） 132

带壳装药冲击引爆 209、224

　　实验原理（图） 224

　　数值模拟 209

带壳装药引爆毁伤增强 224、230

　　机理 230

　　实验 224

单个弹丸引爆概率（表） 223

弹靶材料的 a、b 值（表） 52

弹靶接触面速度 92～94

　　和碰撞速度关系 93、94（图）

弹靶碰撞过程 88

弹靶强度对接触面速度影响 96

弹靶侵彻计算模型（图） 62

弹靶特性 61

　　影响 61

弹靶作用 28～30

　　模式 28

　　模型 30

弹靶作用条件 33、68

　　影响 68

弹道极限方程 49

弹道极限速度 45～47、46（图）、80、81

　　计算 47

　　拟合（图） 81

　　统计结果（表） 80

弹道碰撞实验 20、74、75

　　靶场布置（图） 75

　　方案（表） 75

　　原理（图） 74

弹道侵彻 41、42

　　基础 42

　　模式 42

　　效应 41

弹道侵彻增强 84

　　机理 84

　　行为 84

弹体运动线性微分方程 54

弹丸 3、18、51、64、67、70、73、104、105、108、111、146、152

　　动能随运动距离的变化关系 146

　　对靶板碰撞过程物理方程 51

　　化学能释放 3

　　内部压力时程曲线（图） 64

　　特性影响 18

　　压力时程曲线（图） 67、70、73、105、108、111

　　运动速度时间历程（图） 152

弹丸比内能时程曲线（图） 64、67、70、73、104、108、111

弹丸长径比 62、63、83

　　对弹道极限速度影响（图） 83

　　对侵彻行为影响（图） 62、63

　　影响 62

弹丸初速 152、155、156

　　对液体内压力的影响 152

　　对油箱前后铝板位移影响（图） 155

　　为1500m/s时箱体结构毁伤效应（图） 155、156

弹丸对靶板侵彻行为 65、68、71

　　影响 71

弹丸结构 20

　　影响 20

弹丸密度 18、96、129、131

　　对毁伤效应影响特性（图） 131

索 引

　　和靶板密度对侵孔直径的影响　96
　　影响　18、129
弹丸碰撞速度　151、173
　　对非满油油箱毁伤效应影响　151
弹丸侵彻　42～45、154
　　靶板过程　42
　　半无限厚靶　44
　　过程中液体压力分布（图）　154
弹丸速度　64、67～72、104、108、110
　　时程曲线（图）　64、67、70、72、104、108、110
　　影响　68
弹丸形状　211
　　影响特性　211
弹丸质量　82、215
　　对弹道极限速度影响（图）　82
　　影响特性　215
弹丸撞击　35、170、192、232
　　带壳装药　232
　　连接式满油油箱实验结果（表）　170
　　碎裂过程假设　35
　　形成的碎片假设　192
弹着点　160～163
　　对弹丸侵彻速度影响（图）　160
　　对空穴形成特性影响（图）　161
　　对液体内压力冲量影响（图）　162
　　对液体内压力影响（图）　161
　　对油箱结构毁伤影响（图）　163
　　对油箱前后铝板位移影响（图）　162
典型侵彻行为　100、112
点火行为　189
钝头弹侵彻　43
多组分体系混合物叠加原理　27
惰性弹丸　57、143
　　高速撞击液箱水锤效应（图）　143
　　侵彻行为　57
惰性弹丸碰撞　100

　　引发结构毁伤数值模拟　100
惰性金属弹丸　143、210、230
　　冲击引爆行为（图）　230
　　引爆机理　230
　　撞击油箱类目标时的作用过程　143
惰性金属弹丸冲击引爆带壳装药　210
　　几何模型　210
　　数值模型（图）　210

F～G

防御弹道极限速度　45
非均质炸药　201、209
　　临界起爆条件（表）　209
非均质炸药冲击起爆　201、202、205
　　理论　201
　　特点　202
非满油油箱　164
非密实材料体系动能　28
非自持化学能释放　1～3、7
　　测试方法　2
　　现象（图）　3
　　效应　1
　　行为　7
非自持化学能释放特性　2
　　爆燃阶段　2
　　碰撞激活阶段　2
　　碎裂点火阶段　2
　　准静态阶段　3
峰值超压和正压上升时间（图）　10、11
钢弹丸　167～169
　　以1 326 m/s速度撞击焊接式满油油箱过程高速摄影（图）　168
　　以1 649 m/s速度撞击焊接式满油油箱过程高速摄影（图）　169
高速碰撞　35、142
　　水锤效应　142
固相状态区　59

惯性压缩　45、49、50
贯穿率　45、46
　　区间　45
　　随着速变化关系（图）　46

H

海军弹道极限速度　45
焊接式满油油箱　164～166
　　毁伤效应实验结果（表）　166
　　结构（图）　164
航空煤油点火延迟时间与温度的关系（图）　191
厚靶　87、91
　　冲塞增强模型　91
　　弹道侵彻增强机理（图）　87
厚铝靶　91
后效靶厚度　128
　　影响　128
后效靶毁伤　103、107、114、121、118～121（表）、138
　　参数　121、118～121（表）
　　分析模型　138
　　效应　103（图）、107（图）、114
后效靶效应　118
后效铝靶毁伤结果（图）　115
花瓣形破坏　84、85（图）
　　模式形成过程　84
化学能释放　1、2、7、22、25
　　模型　22
　　随时间变化曲线（图）　25
　　行为　7
毁伤面积等效方法（图）　123
毁伤模式　123
毁伤增强效应　126
活性材料模型　112
活性弹丸　8、12、34、35、74、75、77、79、82、85、86、116、120～126、129

137、138、164、167、170～183、189、195、225（图）、226～232
　　材料特性　129
　　冲击引爆行为（图）　231
　　初始碰撞速度　189
　　弹道极限速度　82
　　对3 mm/3 mm双层间隔铝靶毁伤效应　126
　　对靶后目标的毁伤效应　124
　　对焊接式满油油箱毁伤结果（表）　173
　　对后效靶毁伤效应　116
　　对结构靶毁伤效应　122
　　对双层间隔靶典型毁伤效应　123
　　对双层间隔靶毁伤效应　116
　　贯穿靶板过程　34
　　贯穿迎弹靶后形成活性材料碎片云外轮廓　137
　　和惰性弹丸在液体燃油中运动时的温度随时间的变化关系　195
　　碎片云分布特性（图）　35
　　以690 m/s速度撞击焊接式非满油油箱过程高速摄影（图）　178
　　以712 m/s速度碰撞引发爆燃行为高速摄影（图）　8
　　以724 m/s速度撞击连接式满油油箱毁伤效应（图）　170
　　以855 m/s速度撞击油箱过程高速摄影（图）　174
　　以949 m/s速度撞击油箱过程高速摄影（图）　175
　　以1 062 m/s速度撞击油箱过程高速摄影（图）　176、177
　　以1 080 m/s速度撞击连接式满油油箱过程高速摄影（图）　171
　　以1 080 m/s速度撞击连接式满油油箱毁伤效应（图）　170
　　以1 108 m/s速度撞击焊接式非满油油

索 引

箱油气层高速摄影（图） 180、181

以 1 112 m/s 速度撞击焊接式非满油油箱燃油层高速摄影（图） 179、180

以 1 153 m/s 速度撞击焊接式满油油箱过程高速摄影（图） 167

以 1 192 m/s 速度撞击焊接式非满油油箱油气层高速摄影（图） 182

以 1 309 m/s 速度碰撞引发爆燃行为高速摄影（图） 8

以 1 350 m/s 速度撞击钢壳体装药模拟结果（图） 229

以 1 427 m/s 速度撞击连接式满油油箱过程高速摄影（图） 171

以 1 427 m/s 速度撞击连接式满油油箱毁伤效应（图） 171

以 1 679 m/s 速度撞击焊接式非满油油箱油气层高速摄影（图） 182、183

以 2 250 m/s 速度撞击钢壳体装药模拟结果（图） 229

以低于弹道极限速度碰撞铝靶过程（图） 79

以高于弹道极限速度碰撞铝靶过程（图） 78

以接近弹道极限速度碰撞铝靶过程（图） 77

引爆铝壳体装药高速摄影（图） 227

引爆增强机理 231

撞靶 35

作用过程 120

活性弹丸化学能释放 3、22

    测试方法 3

    模型假设 22

活性弹丸碰撞 12、23、28、91、94、125～128、151、163、225、226

    不同厚度双层间隔铝靶过程 125

    带壳装药实验结果（表） 225

    焊接式非满油油箱数值模型（图） 151

    碰撞 3 mm 迎弹面靶冲击引发行为（图） 12

    碰撞 6 mm/3 mm 双层间隔铝靶后效靶毁伤效应 127

    碰撞 6 mm/6 mm 双层间隔铝靶时后效靶毁伤效应 128

    碰撞 6 mm 厚铝靶时化学能释放量（表） 23

    碰撞 6 mm 迎弹面靶冲击引发行为（图） 12

    碰撞 10 mm 迎弹面靶冲击引发行为（图） 12

    碎裂 28

    引爆铝壳体装药实验照片（图） 226

    油箱 163

活性弹丸碰撞薄靶 29

    作用过程（图） 29

活性弹丸碰撞厚靶 29

    作用过程（图） 29

活性弹丸碰撞双层间隔靶典型毁伤作用过程 133

    侵爆联合毁伤阶段 134

    侵彻引发碎裂阶段 133

    碎片云扩展阶段 133

活性弹丸碰撞双层间隔靶 113、116、122、124、133、138

    毁伤参数（表） 124

    计算模型 113、113（图）、116（图）

    实验布置（图） 122

    实验原理（图） 122

    引发结构毁伤增强效应 133

    作用过程（图） 138

活性弹丸碰撞双层间隔铝靶（图） 114、125、129、130

    高速摄影（图） 125、129、130

    作用过程（图） 114

活性弹丸碰撞引发化学能释放 3、4、4

（图）
　　测试系统　4、4（图）
　　特点　3
活性弹丸碰撞引发结构毁伤增强　112、122、133
　　模型　133
　　实验　122
　　数值模拟　112
活性弹丸碰撞中厚靶　30
　　作用过程（图）　30
活性弹丸侵爆联合毁伤（图）　134、139
　　分析模型（图）　139
　　作用过程（图）　134
活性弹丸侵彻　74、84、92、164、166
　　非满油油箱实验原理（图）　166
　　厚靶示意（图）　92
　　行为　74
　　油箱实验原理（图）　164
活性弹丸引爆带壳装药　224、228
　　实验原理　224
　　数值模拟　228
活性弹丸引爆钢壳体装药（图）　227、228
　　高速摄影（图）　227、228
实验照片（图）　227
活性弹丸撞击　30、138、178、186、188、190、232
　　靶板过程　30
　　带壳装药力学响应（图）　232
　　非满油油箱典型方式（图）　190
　　焊接式非满油油箱实验结果（表）　178
　　满油油箱作用模型（图）　186
　　双层间隔靶阶段　138
　　油箱结构响应　188
活性弹丸撞击并燃油箱过程　184~186
　　初始撞击激活阶段　184

　　结构破裂增强阶段　185
　　空穴内爆燃阶段　185
　　引燃阶段　186
活性毁伤材料　3、25、27、34
　　冲击引发非自持化学能释放现象（图）　3
　　化学能释放行为　25
　　激活长度和碎裂长度　34
活性毁伤材料弹丸　83、164、167、169、172、184、185
　　侵彻性能　83
　　侵彻油箱实验　164
　　引燃油箱过程（图）　185
活性侵彻体成型与弛豫反应行为（图）　6
活性药型罩　6、7
　　爆炸引发化学能释放测试系统（图）　7
活性药型罩化学能释放　6、7
　　测试方法　6
　　测试系统　7
　　行为特点　6

J

激活长度　28、34
　　影响特性　34
　　预估模型　28
激活模型　26
剪切摩擦　206
角度对侵彻行为影响（图）　71、72
结构靶毁伤效应　129
结构对活性弹丸　20~22
　　爆燃压力影响（图）　20、21
　　压力影响（表）　22
结构毁伤　99、100
　　数值模拟　100
结构毁伤增强　99、112、122、133
　　模型　133

索 引

实验　122
　　数值模拟　112
　　效应　99
金属材料参数（表）　211
晶体位错　207
距后效靶毁伤效应（图）　110
绝热剪切　45
均质炸药　198～201
　　常数（表）　200
　　起爆数据（表）　201
均质炸药冲击起爆　198、199
　　行波（图）　199
　　理论　198

K～L

壳体　219
　　厚度　219
　　影响特性　219
空腔　147、148
　　坍塌过程　148
　　形成时间　147
空穴　152、207
　　剪切　207
　　形成过程及液体速度分布（图）　152
空穴膨胀理论　52
　　假设　52
空穴区域　52、53
　　划分（图）　53
　　锁变塑性区　52
　　锁变弹性区　52
　　无应力区　52
孔穴塌陷　28
空隙冲击塌陷　205
累积失效模型　61
立方体和锥形弹丸撞击靶板角度关系（图）　223
连接式满油油箱　165＼168

　　结构　165、165（图）
两种弹丸撞击连接式满油油箱实验结果（表）　170
量纲分析法　50
裂纹尖端黏性加热　207
临界贯穿　79
　　特性　79
流体动压效应　142
　　作用　142
隆起高度　89、90
陆军弹道极限速度　45
铝靶　75、84、87～91
　　变形　87
　　毁伤效应（图）　75
　　隆起高度　88、90
　　破坏模式　84
　　相对隆起高度　91
铝合金材料参数（表）　101

M～N

满油油箱　164
盲孔破坏　84、86、86（图）
密度　19、95、97、129、130
　　对弹靶接触面速度影响（图）　95
　　对活性弹丸爆燃压力影响（图）　19
　　对侵孔直径影响（图）　97
　　和强度对弹靶接触面速度和侵孔直径的影响　95
　　为 3.16 g/cm^3 的活性弹丸碰撞双层间隔铝靶时的高速摄影（图）　129、130
内爆超压测试罐系统　5、5（图）
能量间关系　25
能量释放碎裂尺寸表征　39
黏性阻力　144

P

膨胀空穴和侵入球体压强分布（图）　54

膨胀状态时压力表达式 150

碰撞 7、13~16、26、30、88、91、92

 3 mm 靶实验结果（表） 88

 6 mm 迎弹面靶压力时程曲线（图） 13、14

 10 mm 迎弹面靶压力时程曲线（图） 14~16

 12 mm 厚铝靶结果统计（表） 92

 薄铝靶毁伤参数描述（图） 88

 厚铝靶毁伤参数描述（图） 91

 激活模型 26

 界面 30

 条件影响 7

碰撞速度 4、7、8、26、33、38~40、68、69、90、94、102、116~118、126、135~137、149、190、212、217

 对后效靶毁伤效应影响（图） 118

 对活性弹丸毁伤效应影响（图） 117

 对活性弹丸碎裂长度和激活长度影响（图） 135

 对活性毁伤材料爆燃与能量释放影响（图） 4

 对空穴形状影响（图） 190

 对隆起高度影响（图） 90

 对能量泄放效应影响（图） 26

 对平均碎裂尺寸的影响 39

 对平均碎片尺寸影响（图） 40

 对侵彻行为影响（图） 68、69

 对侵孔直径影响（图） 94

 对释放能量影响（图） 26

 对双层间隔铝靶毁伤效应影响（图） 102

 对碎片尺寸分布影响（图） 136

 对碎片云特性影响（图） 38、39

 对碎片云外轮廓影响（图） 137

 对钨合金弹丸侵彻双层间隔铝靶毁伤效应 102

活性毁伤材料爆燃压力时程曲线 8

 碰撞速度影响 7、38、102、116、126、149

 特性 102、116、149

碰撞引发碎裂 35

 化学能释放准则 35

 模型 35

Q

起爆 32、199、223

 概率 223

 延迟时间 199

 阈值 32

气泡绝热压缩 205

气相状态区 59

前铝板厚度 156~158

 对弹丸速度影响（图） 156

 对油箱内压力影响（图） 157

 对油箱内液压冲量影响（图） 157

强度（图） 60、96、98

 对弹靶接触面速度影响（图） 96

 对侵孔直径影响（图） 98

 模型 60

侵爆计算 113

 结果 113

 模型 113

侵爆联合毁伤机理 133

侵彻 63、66、69、72、82、84、100、104、107、109、112、144、191

 弹丸引燃燃油 191

 过程 63、66、69、72、84、104、107、109

 能力 82

 效应 144

 行为 100、112

侵彻角度 71

 影响 71

索 引

侵孔 93、94
    尺寸随碰撞速度独特的变化规律 94
    直径和碰撞速度的关系 93
球形弹丸侵彻薄靶 44
    过程（图） 44
球形弹丸侵彻厚靶 44、45
    过程（图） 45
球形空穴膨胀 52、53
    过程 52
球形钨合金弹丸未引爆带壳装药（图） 212
    典型过程（图） 212
    压力时程曲线（图） 212
球形钨合金弹丸引爆带壳装药（图） 212、213
    典型过程（图） 212
    引爆带壳装药压力时程曲线（图） 213

R ~ S

燃油 165、177
    填充状态 177
    物理参数（表） 165
燃油点火 189、191
    增强机理 189
热点 201 ~ 205
    理论 201
    起爆临界条件 203
    形成机理 205
    形成机制 205
容器后壁面 148
    所受压力载荷 148
    载荷分布（图） 148
入射点位置分布（图） 159
升降法 46
剩余破片动能与碰撞速度关系（图） 136
失效模型 61

实验方法 122、164、224
实验分析 228
实验结果 225
输入炸药能量密度与碰撞速度关系曲线
    （图） 234
数值 57、210
    仿真 57
    模拟方法 57、210
双层间隔靶典型毁伤效应（图） 123
双层间隔铝靶 102、104、107、126 ~ 128、132、133
    穿孔面积（表） 104、107
    典型毁伤 102、102（图）
    毁伤效应 132
    后效靶毁伤效应（图） 126 ~ 128
    毁伤实验结果（表） 133
水锤效应 142
瞬时空腔效应 145
碎裂尺寸 37、39、40
    分布特性 37
碎裂化学能释放准则 35
碎裂模型 35、39、40
碎片温度 – 时间历程曲线（图） 195
碎片云膨胀 134、137
    模型 134、137
损伤积累 208

T ~ X

太安炸药热点温度与冲击波强度关系（图）
    206
未引爆 6 mm 厚 A3 钢壳体装药（图） 221
    典型过程（图） 221
    压力时程曲线（图） 221
未引爆 6 mm 厚 LY12 硬铝壳体装药（图）
    219、220
    典型过程（图） 219
    压力时程曲线（图） 220

钨合金弹丸　101、171、226
  碰撞带壳装药实验结果（表）　226
  碰撞双层铝靶作用过程（图）　101
钨合金弹丸碰撞双层间隔靶　100、101
  典型作用过程　101
  数值模型（图）　100
钨合金弹丸未引爆钢壳体装药（图）　228
  高速摄影（图）　228
  实验照片（图）　228
钨合金弹丸以 1 643 m/s 速度撞击连接式满
  油油箱（图）　172
  高速摄影（图）　172
  毁伤效应（图）　172
钨合金和铝合金材料参数（表）　101
相对隆起高度数据拟合（图）　90
箱体壁厚（图）　158、159
  对前后铝板位移影响（图）　158
  对油箱后铝板毁伤影响（图）　159

Y～Z

压力波　142
压力测试系统　4、5（图）
压力时程曲线（图）　9、10
液-气相混合状态区　59
液体喷出阶段　142、143
  初始冲击阶段　142
  贯穿及空穴塌陷阶段　143
  液体喷出阶段　143
  阻滞及空穴形成阶段　142
液体中空腔生长模型（图）　146
液体中侵彻效应　144
液体中压力波　142
液相状态区　59
引爆 6 mm 厚 A3 钢壳体装药（图）
  221、222
  典型过程（图）　221
  压力时程曲线（图）　222

引爆 6 mm 厚 LY12 硬铝壳体装药（图）
  220
  典型过程（图）　220
  压力时程曲线（图）　220
引爆毁伤增强效应　197
引爆增强　230～232
  模型　232
  行为　230
引爆装药活塞实验原理（图）　206
引燃毁伤增强　141、163、165、184
  机理　184
  实验　163
  效应　141、165
引燃增强　173
  影响特性　173
迎弹靶厚度　119、120、127
  对后效靶毁伤效应影响（图）　120
  对活性弹丸毁伤效应影响（图）　119
  影响　127
迎弹靶毁伤　103、130
  面积　130
  效应（图）　103、106
影响球形弹丸弹道极限速度的主要因素及量
  纲（表）　51
油箱　156、164、189
  侧壁平均压力与弹丸碰撞速度关系
  （图）　189
  前铝板厚度　156
油箱爆裂　184
  增强机理　184
油箱毁伤　153、184
  效果　184
  效应　153
油箱结构　149、156
  毁伤数值模拟　149
  影响特性　156
圆柱形钨合金弹丸高速碰撞双层间隔靶数值

模型　100
炸药冲击起爆　198、208、233
　　　理论　198
　　　判据　208
　　　阈值　233
正压持续时间（图）　11
柱形钨合金弹丸　213、215、219
　　　引爆带壳B炸药临界速度　215
柱形钨合金弹丸未引爆带壳装药（图）　213、214
　　　典型过程（图）　213
　　　压力时程曲线（图）　214
柱形钨合金弹丸引爆带壳装药（图）　214
　　　典型过程（图）　214
　　　压力时程曲线（图）　214
装药壳体　219
状态方程　57
准静态爆燃压力曲线　8
准静态超压效应和化学能释放特性　3
着靶位置　158
　　　影响特性　158

（王彦祥、张若舒　编制）